BEITRÄGE ZUR RAUMFORSCHUNG

BAND 2

SCHRIFTENREIHE DER ÖSTERREICHISCHEN GESELLSCHAFT ZUR
FÖRDERUNG VON LANDESFORSCHUNG UND LANDESPLANUNG

BEITRÄGE
ZUR
RAUMFORSCHUNG

Festschrift
zum 60. Geburtstag
von
Hans Bobek

1964

IM SELBSTVERLAG DER ÖSTERREICHISCHEN GESELLSCHAFT ZUR FÖRDERUNG VON LANDESFORSCHUNG UND LANDESPLANUNG

Additional material to this book can be downloaded from http://extras.springer.com

ISBN 978-3-211-80696-8   ISBN 978-3-7091-5478-6 (eBook)
DOI 10.1007/978-3-7091-5478-6

Für die ÖGLL herausgegeben von o. Hochschulprofessor Dr. Rudolf Wurzer. Redaktion und für den Inhalt verantwortlich: Dr. Georg Schreiber. Eigentümer und Verleger: Österreichische Gesellschaft zur Förderung von Landesforschung und Landesplanung, Wien IV, Karlsplatz 13.

Zum Geleit

Am 17. Mai 1963 feierte o. Univ.-Prof. Dr. *Hans Bobek, Vorstand des Geographischen Instituts* und *Dekan der philosophischen Fakultät der Universität Wien, Präsident der Österreichischen Geographischen Gesellschaft* und *stellvertretender Vorsitzender der Österreichischen Gesellschaft zur Förderung von Landesforschung und Landesplanung,* seinen 60. Geburtstag.

Dies ist ein willkommener Anlaß für einen Rückblick auf den Lebensweg des Jubilars, der heute weit über die Grenzen unserer Heimat als Wissenschafter allgemein geschätzt und geehrt wird.

Mit der ÖGLL ist Professor Bobek deshalb so verbunden, weil er sich vor nunmehr einem Jahrzehnt maßgebend an deren Gründung beteiligt hat und im Rahmen des Vorstandes sowie als *Mitherausgeber* der *„Berichte zur Landesforschung und Landesplanung"* wertvolle Arbeit zu leisten vermochte. Am 17. Mai 1903 in Klagenfurt geboren, studierte Dr. Bobek nach dem Besuch des Gymnasiums an der Universität Innsbruck, wo er am 20. Mai 1926 promovierte. Nach dreijähriger Assistententätigkeit am Geographischen Institut der Universität Innsbruck (1928—1931) war er von 1931 bis 1939 wissenschaftlicher Assistent am Geographischen Institut der Universität Berlin, wo er sich 1935 an der Math.-Nat. Fakultät habilitierte und am 21. November 1944 zum apl. Professor ernannt wurde.

Nach einer kriegsbedingten Unterbrechung seiner wissenschaftlichen Laufbahn durch Wehrdienst und Kriegsgefangenschaft lehrte Dr. Bobek bis 1948 am *Geographischen Lehrstuhl* der *Universität Freiburg* im Breisgau, von wo er dann als *ordentlicher Professor für Wirtschaftsgeographie* an die *Hochschule für Welthandel* in Wien berufen wurde. Am 1. Mai 1951 erfolgte schließlich die Berufung zum *Ordinarius für Kulturgeographie* und *Vorstand des Geographischen Instituts an der Universität Wien.* Die philosophische Fakultät hat Professor Dr. Bobek in Wertschätzung seiner verdienstvollen Tätigkeit für das Studienjahr 1962/63 zum *Dekan* gewählt.

Da es im Rahmen dieser Würdigung nicht möglich ist, das außerordentlich vielfältige und in mehrfacher Hinsicht grundlegende wissenschaftliche Lebenswerk des Jubilars zu umreißen, sollen nur die Arbeiten herausgegriffen werden, die — direkt oder indirekt — vor allem für die Stadt- und Landesplanung von wesentlicher Bedeutung sind.

Mit den *„Grundfragen der Stadtgeographie"* (1927) und mit seiner Arbeit über *„Innsbruck, eine Gebirgsstadt, ihr Lebensraum und ihre Erscheinung"* 1928, hat Bobek bereits vor nunmehr 35 Jahren die ersten Grundgedanken für die später von *Christaller* ausführlich entwickelte Theorie der zentralen Orte dargelegt. Auf eine Skizze *„Über die amerikanischen Kleinstädte und ihre Entwicklung"* (1930), folgte die Arbeit *„Über einige funktionelle Stadttypen und ihre Beziehungen zum Land"* (1938) sowie Hinweise *„Zur landeskundlichen Erforschung der deutschen Städte"* (1942).

Allgemeines Aufsehen erregte die programmatische Behandlung der *„Stellung und Bedeutung der Sozialgeographie"* (1948), die in der Folge eine Welle sozialgeographischer Arbeiten anderer Autoren auslöste. War doch in Deutschland bis vor kurzer

Zeit die Verbindung der Geographie zu den Sozialwissenschaften recht mangelhaft. *Maull* schrieb noch 1952: „Es gibt kaum einen deutschen Geographen, der in der Geographie etwas grundlegend anderes als die Lehre von der Landschaft sieht." Da Sozialgeographie und Sozialwissenschaften im Planungsprozeß besondere Bedeutung besitzen, hat Bobek hier wesentliche und dankbar anerkannte Hilfestellung geleistet. In einigen Arbeiten, wie dem *„Aufriß einer vergleichenden Sozialgeographie"* (1950), den *„Hauptstufen der Gesellschafts- und Wirtschaftsentfaltung in geographischer Sicht"* (1959), *„Die spezifische Stellung und Leistung des Abendlandes"* (1960), *„Zur Problematik der unterentwickelten Länder"* (1962), treten, gestützt auf Bobeks langjährige orientalische Studien, stärker die weltweiten Gesichtspunkte hervor, die aber zur schärferen Erkennung des europäischen Standorts dienlich sein können.

An methodischen Schriften seien die Abhandlungen über *„Geographie und Raumforschung"* (1942), *„Die räumliche Ordnung der Wirtschaft als Gegenstand geographischer Forschung"* (1951) und — 1955 in der Schriftenreihe der ÖGLL — *„Bemerkungen zur Ermittlung von Gemeindetypen"* erwähnt. Aber auch der praktischen Nutzanwendung der Sozialgeographie hat sich Prof. Bobek zugewandt und durch seine und seiner Schüler Bestandsaufnahmen über die bauliche und funktionelle Gliederung und Entwicklung Wiens im Rahmen der Stadtplanung umfassende Grundlagenarbeit geleistet. Erwähnt seien noch seine Karten der *„Sozialwirtschaftlichen Struktur"* und *„Pendlerbewegung"* im Atlas von Niederösterreich.

Eine der größten und umfangreichsten Arbeiten Professor Bobeks stellt jedoch die Herausgabe des *„Österreich-Atlasses"* der Österreichischen Akademie der Wissenschaften dar, der eine große Lücke in dem Wissen um unsere Heimat schließen wird.

Wie sehr das Lebenswerk Professor Bobeks geschätzt wird, zeigen die zahlreichen Ehrungen, die ihm zuteil wurden. So wurde ihm die *Silberne Karl-Ritter-Medaille* der Gesellschaft für Erdkunde zu Berlin und die *Eduard-Rüppel-Medaille* der Frankfurter Geographischen Gesellschaft für seine Verdienste in der Erforschung Irans verliehen. Weiters ist Dr. Bobek *korrespondierendes Mitglied der Akademie für Landesforschung und Landesplanung, Hannover,* und der *Sociedade de Geografia de Lisboa, Ehrenmitglied der Kroatischen Geographischen Gesellschaft,* Zagreb, der *Geographischen Gesellschaft München, der Serbischen Geographischen Gesellschaft,* Belgrad, der *Niederländischen Geographischen Gesellschaft, Honorary Corresponding Member of The Royal Scottish Geografical Society* und Mitherausgeber des *Oriental Geographer Dacca.*

Wenn sich daher die „Österreichische Gesellschaft zur Förderung von Landesforschung und Landesplanung" mit einer Festschrift zu Ehren des Jubilars all diesen Ehrungen anschließt, so erfüllt sie damit eine Dankespflicht an ihrem verdienstvollen Gründungsmitglied und stellvertretenden Vorsitzenden.

Zu Dank verpflichtet ist die ÖGLL aber auch den Autoren, die an dieser Festschrift mitgewirkt haben.

Rudolf Wurzer

INHALTSVERZEICHNIS

OLAF BOUSTEDT

Die Verhaltensweise der Bevölkerung als ein Faktor der Standortsbestimmung

Motto:

Viele Menschen arbeiten aus Leibeskräften,
damit sie vom Land in die Stadt ziehen können,
wo sie aus Leibeskräften arbeiten,
damit sie aus der Stadt auf's Land ziehen können!

John B. Priestley

A. HUMAN-ÖKOLOGIE UND DIE STANDORTSTHEORIEN

Das Standortsproblem gehört zweifellos mit zu den wichtigsten Studienobjekten der raumbezogenen Forschungen auf dem Gebiet der Gesellschaftswissenschaften. Seit seiner Entdeckung in der Zeit der klassischen Nationalökonomie — etwa in *Ricardos* „Gesetz der komperativen Kosten" oder in *Thünens* grundlegendem Werk: „Der isolierte Staat", haben vor allem *produktionswirtschaftliche Probleme* im Vordergrunde des Interesses gestanden. Folgerichtig befaßte sich auch die Standortstheorie — für lange Zeit der einzige raumwirtschaftlich orientierte Zweig der nationalökonomischen Lehre — fast ausschließlich mit der Frage nach dem optimalen Standort der Produktion, und zwar insbesondere der industriellen Betriebe.

Der Standort der menschlichen Siedlungen lag außerhalb des Interessensgebietes der Nationalökonomie. Soweit man sich mit ihm überhaupt befaßte, betrachtete man die Entwicklung der Siedlungen als eine Folgeerscheinung der industriellen Entwicklung und demgemäß mußten auch für ihre Standorte die gleichen Bestimmungsfaktoren gelten wie für die Produktionsbetriebe.

Städte waren die Anhäufungen von Arbeiterwohnungen um die aus dem Boden schießenden Industriezentren, „der Mensch wanderte zum Kapital", und wirtschaftlich interessierte er eben nur als „Produktionsfaktor Arbeit". Erst in den Stufenlehren der historischen Schule findet die Stadt eine bestimmte Stellung im Gesamtsystem der Wirtschaft und erst bei Sombart, Max Weber und Schott wird sie als ein Phänomen sui generis behandelt. Aber auch hier befaßt man sich in erster Linie mit „dem Begriff der Stadt und dem Wesen der Städtebildung" also mit der grundsätzlichen Seite der Erscheinung, jedoch nur nebenbei mit den Gesetzen ihrer räumlichen Verbreitung; diese wurde, in vorwiegend deskriptiver Weise, von der Geographie abgehandelt.

Für die Entwicklung einer Standortstheorie der menschlichen Ansiedlungen bildete den Markstein *Christallers* Theorie von dem *System der zentralen Orte*. Hatte schon Max *Weber* auf die entscheidende Bedeutung des „Marktes" für die Stadtbildung hingewiesen und damit den funktionalen Charakter der Stadt hervorgehoben, so machte sich Christaller von der Faszination durch die industriellen Agglomerationen ganz frei und erläuterte die Städte als Knotenpunkte in einem den Raum überziehenden Netz von Austauschbeziehungen zur Befriedigung der verschiedenartigen Bedürfnisse der Bewohner der Räume und ihrer Siedlungen. Auf dieser Grundlage wurde später von zahlreichen Forschern weiter gearbeitet (vergl. hierzu die umfangreiche Bibliographie von Berry und Pred: „Central Place Studies") (1), unter denen auch *Bobek* eine namhafte Stellung einnimmt. Das Ergebnis dieser Studien hat zu einer umfangreichen Literatur über die Entstehungsursachen und die Bestimmungsfaktoren für die Verbreitung der menschlichen Siedlungen geführt, wenn es auch leider bisher noch an einer Zusammenfassung zu einer geschlossenen Standortstheorie der Siedlungen fehlt.

Eine wesentliche Voraussetzung für die Entwicklung dieser neuen Betrachtungsweise war die allgemeine Hinwendung zu den menschlichen und gesellschaftlichen Lebenserscheinungen, die sich nicht durch reine Abstraktionen wie die des homoökonomicus erklären ließen und die durch die Entwicklung der empirisch-quantitativen Forschung sehr wesentlich an Realitätsgehalt gewonnen hatte. So hat zweifellos gerade die Soziologie — wie wir das aus den vorerwähnten Namen ersehen können — wesentlich zu der Erforschung der menschlichen Siedlungsweisen und -formen beigetragen. Aber auch im wirtschaftswissenschaftlichen Bereich hat diese Entwicklung ganz deutliche Folgeerscheinungen gehabt. Neben den *Produzenten* und den *Arbeiter* trat jetzt ein neues Wirtschaftssubjekt in der Gestalt des *Verbrauchers.* Selbstverständlich war er schon immer vorhanden gewesen, denn eine der wesentlichen Aufgaben der Wirtschaft war ja seine Ernährung, seine Bekleidung und Behausung, aber bei den wirtschaftlichen Entscheidungen war er nur ein passiv Beteiligter. In gleichem Maße, wie der Ausbau des Produktionsapparates sich gewissen Grenzen annäherte, mußte die Stellung des Verbrauchers als des Abnehmers der Produktionswirtschaft an Bedeutung gewinnen. Und so entstanden auch neue Forschungs- und Wissensgebiete, die sich mit diesen Problemkreisen zu befassen hatten, wie etwa *„Konsumforschung", „Marktforschung",* oder aber solche, die sich mit dem Verbraucher selber befaßten, wie etwa *„Verhaltensforschung", „Verbrauchsforschung", „Verbrauchspsychologie"* usw. Diese vielfältigen Forschungen führten zu der Erkenntnis, daß das Wirtschaftsgeschehen nicht nur von den produktionswirtschaftlichen Erfordernissen bestimmt wird, sondern in einem nicht weniger entscheidenden Maße von den Erfordernissen, den Bedüfnissen und den Wünschen der Bevölkerung. Und diese Wünsche decken sich keineswegs immer mit denen der Produktionswirtschaft, ja sie stehen vielfach außerwirtschaftlichen Einflüssen außerordentlich offen gegenüber. Und je wohlhabender eine Gesellschaft wurde, um so nachhaltiger können sich Verbraucherwünsche als maßgebliche Faktoren durchsetzen und damit können auch Wünsche und Bedürfnisse der Bevölkerung auf die Standortsgestaltung Einfluß gewinnen.

B. DIE STANDORTSTHEORIEN IM LICHTE DER SOZIALPRODUKTS-BERECHNUNGEN

Die Entwicklung des Forschungsinstrumentes der „volkswirtschaftlichen Gesamtrechnungen" und der „Sozialproduktsberechnungen" bedeutete einen entscheidenden Fortschritt in der Vertiefung der Einsicht in die wirtschaftlichen Zusammenhänge und zwar nicht nur in der globalen Sicht, sondern auch in den raumwirtschaftlichen Aspekten. Zeigt dieses System, daß man zu andersartigen Einsichten in das Wirtschaftsgeschehen gelangt, je nachdem, ob man es von der Entstehungs-, von der Verteilungs-, oder der Verwendungsseite her betrachtet, so ergeben sich auch für das Standortsproblem je nach dem Ausgangspunkt der Betrachtung unterschiedliche Konsequenzen.

Die Analyse der *Entstehungsseite* gibt uns in erster Linie Einblicke in die Verteilung der Produktionsstätten. Erkennen wir etwa aus den Daten den rückläufigen Anteil der ursprünglich alles beherrschenden *primären* und *sekundären Produktionszweige* und das Vordringen der *tertiären Bereiche* wie das Fourastié dargestellt hat, so ergeben sich schon allein hieraus grundsätzliche Folgerungen für das *Standortssystem.* Diese drei Sektoren haben nämlich ganz unterschiedliche Standortsbedingungen: der primäre Sektor ist im wesentlichen auch heute noch standortsgebunden und unterliegt daher noch fast unverändert den Standortsbedingungen der früheren Theorien. Der sekundäre Sektor ist immer standortsunabhängiger geworden und kann sich aus diesem Grunde schon wesentlich besser wechselnden Standortsbedingungen durch Standortsverlagerungen anpassen. Der neu entstehende und schnell wachsende tertiäre Sektor bringt jedoch völlig neue Einflüsse in das Standortsgefüge. Für ihn sind die produktionswirtschaftlichen Gesichtspunkte ziemlich nachrangig in ihrer Bedeutung und werden von den Attraktiv-Kräften der großen Agglomerationen und ihren besonderen Eigenschaften und Vorzügen völlig überdeckt. Der tertiäre Sektor ist im wesentlichen ein Dienstleistungssektor und er sucht daher als Standort solche Gegenden auf, wo seine Kunden am zahlreichsten vertreten und am leichtesten erreichbar sind und das ist in den großen Menschenansammlungen der städtischen Agglomerationsräume der Fall. Diese Überlegungen können sogar zu einer Revision der bisherigen Standortstheorien selbst auf der Entstehungsseite der Wirtschaft Anlaß geben.

Auf der *Verteilungsseite* zeigt uns die Betrachtung der Gesamtrechnungen einen wachsenden Anteil der öffentlichen Hand im Wirtschaftsleben, insbesondere aber im Bereich der Investitionen. Da die heute soviel erörterte sogenannte „Infra-Struktur" weitgehend von diesem Sektor abhängt, gewinnt die öffentliche Hand zunnehmenden Einfluß auch auf die Standortsstruktur. Diese Einflüsse sind sehr mannigfacher Art und bedürfen zweifellos noch einer systematischen Durchleuchtung. Sie können als ein Teil der Wirtschaftspolitik angesehen werden, die im Zuge eines Gesamtkonzeptes die Standortsstruktur einzelner Bereiche bewußt beeinflussen will und dabei manchmal durchaus im Gegensatz zu den Zielen einzelner Produktionswirtschaften stehen kann. Die öffentliche Hand hat letztlich auch Gemeinschaftsinteressen zu verfolgen und muß vielfältige und unterschiedliche Anforderungen und Bedürfnisse nicht nur sachlich, sondern auch in ihrem Raumgefüge sinnvoll und befriedigend regeln.

Dabei unterliegt aber die öffentliche Wirtschaft auch gewissen eigenen Gesetzmäßigkeiten nicht nur im Sinne ihrer inneren Entwicklung, sondern auch in ihrer räumlichen Verteilung. Jede Verwaltung ist hierarchisch aufgebaut, d. h. praktisch zentralistisch orientiert und es ist daher nicht allzu schwer nachzuweisen, daß die Hierarchie der zentralen Orte immer mehr zu einem Spiegelbild der räumlichen Hierarchie der Verwaltungsgliederung wird.

Auf der *Verwendungsseite* können wir erkennen, wie auch der private Verbrauch ständig zunimmt und inzwischen schon auf einen wesentlichen Anteil des Sozialproduktes gestiegen ist. Daraus erkennen wir die zunehmende Bedeutung nicht nur des Verbrauches als Teilerscheinung des Wirtschaftslebens, sondern auch des Verbrauchers, der mit seinen Wünschen und Vorstellungen immer stärker auf das Wirtschaftsgeschehen und damit auch auf die Verteilung der Bevölkerung Einfluß gewinnt.

Mit dieser Überlegung sind wir nunmehr bei der eigentlichen Fragestellung unseres Beitrages angelangt.

C. ZUSAMMENHÄNGE ZWISCHEN VERBRAUCHSSTRUKTUR UND STANDORTSGEFÜGE

An den Ausgangspunkt unserer Überlegungen müssen wir folgende Fragen stellen:

a) ist es denkbar, daß die räumliche Verteilung von Bevölkerung und Wirtschaft von anthropogenen Elementen, von Wunschvorstellungen der Individuen, ihren Verhaltensweisen, Reaktionen und Bedürfnissen beeinflußt oder gar bestimmt wird?

b) wenn ja, welcher Art sind diese Faktoren und unter welchen Bedingungen und in einem welchem Ausmaße könnten sie wirksam werden? und

c) in welcher Weise würden sich solche Einflüsse unter den gegebenen bzw. den in absehbarer Zeit eintretenden sozio-ökonomischen Gegebenheiten auf das Standortsgefüge der menschlichen Siedlungen und der Wirtschaft auswirken?

Versuchen wir ihre Vielfalt in ein System zu bringen, so kommen wir zu etwa folgender *Systematik der Einwirkungsmöglichkeiten:*

I. direkt:

1. Der Verbraucher bestimmt *den Ort des Konsums,* d. h. wo ein (bestimmter) Verbrauch erfolgen soll, dieser demnach in bestimmte Gebiete geleitet wird.

2. Der Verbraucher bestimmt *die Art des Konsums,* d. h. die Zusammensetzung des sogenannten Warenkorbes, die Bevorzugung bestimmter Warenarten oder Verbrauchskategorien im Zusammenhang mit sich wandelnden Verbrauchsgewohnheiten usw., woraus sich Einflüsse auf entsprechende Produktionsgebiete ergeben.

II. indirekt:

Durch die räumliche Konzentration von Verbrauchern in größeren Siedlungen können die Standorte der absatzorientierten Produktionsbetriebe ebenfalls nachhaltig beeinflußt werden. Hierdurch können etwa die Produzenten zum Standort des Konsumenten herangezogen werden.

An Hand dieser Gliederungsskizze wollen wir im nachfolgenden Abschnitt versuchen, uns ein konkretes Bild von den tatsächlichen Einflußmöglichkeiten, soweit sich diese heute bereits erkennen lassen, zu machen. Dabei muß man sich darüber im klaren sein, daß es sich bei diesem Versuch mehr um ein künftiges Forschungsprogramm, denn um die Zusammfassung bereits vorliegender Forschungsergebnisse handeln kann.

D. DIE BESTIMMUNGSFAKTOREN FÜR DIE WAHL DES ORTES DES VERBRAUCHES

I. Der Ort der optimalen Bedürfnisbefriedigung in Abhängigkeit von Einkommensgefälle und Angebotsdifferenzierung.

Wie der Produzent nach demjenigen Standort strebt, der ihm ein optimales Betriebsergebnis, genaugenommen sogar die Maximierung seines Gewinnes ermöglicht, sucht auch der Verbraucher nach demjenigen Ort, der ihm eine optimale Befriedigung seiner Bedürfnisse bietet. Selbstverständlich ist die Bedürfnisskala der Menschen je nach Veranlagung, sozialer Stellung, Zivilisationsniveau und all den anderen individuellen, sozialen und natürlichen Einflußkräften unendlich verschieden. Trotzdem lassen sich, zumindest im sozio-ökonomischen Bereich zwei Faktoren feststellen, die den Punkt der optimalen Bedürfnisbefriedigung bestimmen, und zwar sind es:

a) *das Einkommen,* das die Grenzen bestimmt, innerhalb derer die Bedürfnisse befriedigt werden können, und

b) *die Differenzierung* des Angebotes an Gütern und Diensten, das zur Deckung der Bedürfnisse in Anspruch genommen werden kann.

Da das verfügbare Einkommen die Schlüsselgröße für den Konsum nach Art und Umfang bildet, erkennen wir in ihm die entscheidende Bestimmungskraft auch für die Wahl des Ortes der optimalen Bedürfnisbefriedigung: *der Konsument wird denjenigen Ort bevorzugen, wo er das höchstmögliche Einkommen zu beziehen vermag.* Diese Streben nach dem Ort mit dem höchstmöglichen Verdienst wird durch eine Reihe von anderen Faktoren modifiziert. So interessiert nicht unbedingt der Ort mit dem höchsten Nominaleinkommen (wenn man ihn nicht nur vorübergehend — etwa als Holzfäller im Norden Kanadas aufsucht, um in kurzer Zeit ein „Vermögen zu machen"), sondern der mit dem höchsten Realeinkommen, es wird also im Prinzip der Ort bevorzugt werden, wo man mit einem bestimmten Einkommen eine maximale Befriedigung der Bedürfnisse erreichen kann. Diese kann wiederum entweder durch ein besonders reichhaltiges Angebot mit vielfältigen Substitutionsmöglichkeiten an Gütern und Diensten oder aber durch eine besonders günstige Preissituation oder einer Kombination von beiden bestimmt werden.

Unter Umständen werden auch solche Orte bevorzugt, wo man mit einem Minimum an Arbeitsaufwand den Mindestvorstellungen von einer Sättigung der Prioritätsbedürfnisse am nächsten kommt u. a. m. Es ist hier nicht der Ort, tiefer in die sehr komplexen Zusammenhänge zwischen Nutzvorstellungen, Bedürfnissen, echtem Bedarf und deren ökonomischen bzw. außerökonomischen Quellen einzudringen. Wichtig ist für uns hier die Feststellung, daß der optimale Standort für den Konsumenten vom Schnittpunkt bestmöglicher Verdienstmöglichkeiten und ebensolcher Verbrauchsmöglichkeiten bestimmt wird — kurz vom Ort des *höchstmöglichen Lebensstandards.* Auf eine Darstellung der Möglichkeiten und Schwierigkeiten der empirisch-quantitativen Ermittlung der regionalen Unterschiede des Lebensstandards müssen wir hier verzichten — begrüßen es aber ganz besonders, daß in einer kürzlich erschienenen Schrift des Instituts für Raumforschung (2) diese methodischen Probleme endlich eingehender behandelt werden. Es bedarf aber keiner besonders tiefgründigen Überlegungen um zu erkennen, daß die von uns hier aufgezeigten Zusammenhänge gradlinig zur Theorie der zentralen Orte führen. Was sind denn die zentralen Orte anderes als Standorte, die sich von anderen Orten dadurch unterscheiden, daß hier ein *Überschuß an Leistungen* erbracht wird, demzufolge ein *höheres Durchschnittseinkommen* erzielt wird, der *Lebensstandard* dementsprechend *höher* wird und die *Vielfalt des Angebotes einen* mehr oder weniger stark ausgeprägten regionalen *Höhepunkt erreicht.*

Daß eine solche „Ausstattung" dem Ort besondere Attraktivkräfte verleiht, bedarf keiner Begründung.

II. Der Ort der optimalen Bedürfnisbefriedigung im Zusammenhang mit der Theorie der zentralen Orte.

Im Zusammenhang mit diesen Überlegungen ergibt sich in der zentralörtlichen Forschung — zu deren Grundlegung der Jubilar maßgeblich beigetragen hat (3) — ein weites Feld für weitere Untersuchungen, wofür wir einige Hinweise geben wollen. Neben den bisher entwickelten Methoden ergeben sich noch folgende Möglichkeiten für die Messung und Klassifizierung der Zentralität.

1. Differenzierung des Angebotes an Gütern und Dienstleistungen.

Die *„Einzelhandeldichte"* oder die *„Telefondichte"* und ähnliche Maßzahlen sind recht instruktive Indikatoren zur Ermittlung und Differenzierung der Zentralität schlechthin. Sie reichen aber gerade heute nicht mehr aus, um die Attraktivkraft eines zentralen Ortes in umfassender Weise zu bestimmen. Einen sehr viel präziseren Einblick gewinnt man, wenn man dem Differenzierungsgrad der Arbeitsstätten bzw. der zentralen Dienste und Einrichtungen nachgeht. So könnte man z. B. ermitteln, wieviele der in der Systematik der Arbeitsstättenzählung aufgeführten „Klassen" in den einzelnen Orten vertreten sind. Noch spezifischer dürfte aber die Analyse der Verbreitung der nur selten vertretenen „Klassen" sein; hierbei wird man feststellen, daß die Häufigkeit ihres Auftretens ungefähr mit der Größe der Siedlungen positiv korreliert. (Warenhäuser in Gemeinden ab 50.000 Einwohnern, Oberschulen ab 30.000 Einwohnern, etc.) Mit diesen Untersuchungen wird man also nachweisen können, daß die Differenzierung des Angebotes nach Quantität und Qualität mit zunehmender Einwohnerzahl in den Siedlungen und ihren Nahversorgungsbereichen gleichlaufend zunimmt (Prinzip der „Tragfähigkeit").

2. Differenzierung in den Berufs- und Erwerbsmöglichkeiten.

In der gleichen Weise ließe sich an Hand der Systematik der Berufszählung nachweisen, daß mit der Größe (und Zentralität) des Ortes auch die Zahl der verschiedenen Berufsarten fast progressiv zunimmt; viele Berufe gibt es überhaupt nur in Großstädten! Das ergibt sich aus der Tatsache, daß verschiedene Dienste und Einrichtungen erst ab einer gewissen Flächengröße bzw. Einwohnerzahl benötigt werden. Öffentliche Verkehrsmittel, insbesondere des Schienenverkehrs, werden erst ab einer gewissen Größe der Siedlung benötigt, und so entstehen auch nur hier die mit ihnen im Zusammenhang stehenden Berufe. Die Amerikaner haben für diese Erscheinung die treffende Bezeichnung: „diseconomy of scale".

Parallel hierzu verläuft auch eine *Konzentration höherer Einkommen;* man wird z. B. nachweisen können, daß zwischen dem „Stellenkegel" (nicht nur bei den Kommunalbeamten) der öffentlichen Bediensteten und der Zentralität (meist auch Größe) der Orte eine positive Korrelation besteht: man wird wohl kaum einen Ministerialrat in einer Stadt unter 100.000 Einwohnern antreffen und selbst Oberräte werden unter der Ebene einer Kreisstadt kaum zu finden sein. Wer also bei der Verwaltung Karriere machen will, muß in die größeren Städte — und auch bei der Wirtschaft (am ehesten noch mit Einschränkungen bei der Industrie) dürfte es kaum grundsätzlich anders sein.

3. Versorgungsstandard (Infrastruktur).

In unserem zivilisatorisch orientierten Zeitalter wird die Attraktivkraft einer Siedlung in hohem Maße von ihrem *Versorgungsstandard* bestimmt. Hierunter sind alle öffentlichen Einrichtungen zu verstehen, die von der öffentlichen Hand direkt oder unter deren meist maßgebender Beteiligung zur Versorgung der Bürger errichtet und betrieben werden. Angefangen von den Wasser-, Strom-, Gaswerken, den Abwasser- und Müllbeseitigungsanlagen, über alle Einrichtungen und Maßnahmen zur Bewältigung des Verkehrs, (Straßenbau, Parkplätze, Straßenbeleuchtung, Verkehrssignalanlagen), gehören hierzu Großmärkte, Schlachthöfe, Anlagen zur Gesundheitspflege (Krankenhäuser, Altersheime, Kinderhorte, etc.), für Bildung und Erziehung (Berufs-, Fortbildungs- und Höhere Schulen), bis zu Einrichtungen des Kulturlebens und der Freizeitgestaltung (Theater, Museen, Bibliotheken, Frei- und Hallenbäder, Sport- und Grünanlagen, Kleingärten, etc.).

Man kann also die Zentralität — und damit auch die Attraktivität — eines Ortes auch von der institutionellen Seite her messen, indem man ihre Ausstattung mit solchen öffentlichen Versorgungsanlagen ermittelt, was an sich nicht besonders schwierig ist und z. T. in einer gelungenen Systematik, im sogenannten *„Raumordnungskataster"* für das Land Nordrhein-Westfalen festgehalten worden ist.

a. Zur Quantifizierung des Versorgungsstandards.

Bei der Bewertung des Versorgungsstandards tritt allerdings auch das Problem einer jeden Zustandsaufnahme auf, daß sie nämlich noch keinerlei Anhaltspunkte für die Anspannung der Bedürfnisse oder gar den Sättigungsgrad des effektiven Bedarfes vermittelt. Eines der Probleme des Ballungs- oder Metropolisationsprozesses besteht aber gerade darin, daß eine wachsende Zahl von Menschen in den Genuß der Vorteile solcher Orte mit bevorzugten „Infrastrukturen" zu gelangen suchen und sich, wenn in den Städten selber kein Platz mehr ist oder die Grundstückspreise bzw. Wohnungsmieten zu hoch sind, eben im Umland der Zivilisationsschwerpunkte niederlassen. Von hier aus können sie dann die städtischen Zentraleinrichtungen leicht in Anspruch nehmen, bzw. sie können damit rechnen, durch die örtliche Nachfrageballung sowohl die wirtschaftliche Grundlage für die Errichtung solcher Anlagen zu schaffen als auch die erforderliche kommunalpolitische Atmosphäre hierfür zu erzeugen. Aus diesem Spannungsverhältnis resultiert dann ein Großteil der zwischengemeindlichen Finanzwirtschaftsproblematik in solchen Räumen. Zentralörtliche Untersuchungen auf diesem Sektor sind daher in besonderem Maße darauf angewiesen, das Versorgungsgefälle und die Versorgungsbeziehungen des Zentralortes zu seinem Umland — insbesondere im Bereich von Stadtregionen und größeren Agglomerationsräumen zu berücksichtigen. So können sich etwa Trabantenstädte nur dann zu echten „Entlastungsstädten" entwickeln, wenn sie im Versorgungsniveau mit der Kernstadt, wenigstens relativ, gleichziehen.

b. Die Messung von Unterschieden im Versorgungsniveau.

Bei einem Versuch, die Unterschiede im Versorgungsniveau quantitativ zu erfassen, könnte man die öffentlichen Investitionen in den bestehenden Anlagen, aus den Gemeinde-Haushalten und den Investitionsplänen verschiedener Kommunen einander gegenüberstellen und käme dann zu etwas Ähnlichem, wie einem Nivellement der „social costs" in verschiedenen Siedlungen.

Für die praktische Durchführung solcher Untersuchungen ergeben sich allerdings erhebliche Schwierigkeiten und auch beträchtliche Irrtumsmöglichkeiten. Die erste Schwierigkeit besteht darin, daß man schwerlich zu einer wirklich vergleichbaren Bilanz der Anlageinvestitionen kommen wird.

Des weiteren fehlt es, zumindest noch in Deutschland, an echten Investitionsplänen.

Nach der geltenden Haushaltsordnung gehen die Investitionsausgaben zum größeren Teil im Gesamthaushalt der Ressorts zusammen mit allen anderen Ausgabenpositionen unter und können daher nur unvollkommen und sehr behelfsmäßig den Einzelplänen entnommen werden. Über die Bedeutung solcher Investitionen für die Gestaltung der Raumstruktur kann man sich aber eine Vorstellung machen, wenn man der höchst bemerkenswerten Arbeit von *Müller* entnimmt, daß vom Gesamthaushalt des Bundes im Jahre 1962 nicht weniger als rund 8 Mrd. DM oder 15 v. H. auf „raumbedeutsame Maßnahmen" entfallen (4).

Die vielleicht größte und bedeutendste Schwierigkeit einer Quantifizierung des Versorgungsniveaus besteht aber wohl darin, daß die Angaben nicht nach Investitionsräumen, sondern nach den Kompetenzbereichen der verschiedenen, im gleichen Raume wirkenden Investoren aufgegliedert sind. Selbst wenn man also für den Kommunalbereich einer Stadt einen solchen „Investitionshaushalt" entwickeln könnte, so bleibt noch ein weites Loch in der Übersicht: es fehlen die Investitionen aller überregionalen Verwaltungen wie Bund und Länder, der Sonderverwaltungen wie Post und Bahn, und erst recht die der Privatwirtschaft, die alle, zumindest den Bedarf, gelegentlich aber auch das Angebot an Versorgungsleistungen am betreffenden Orte beeinflussen. Erst wenn man alle diese Einflüsse zu erfassen vermag, etwa in der Idee einer *Städtebilanz* von Martin *Wagner*, wird man den Versorgungsstandard ökonomisch zu quantifizieren vermögen. Aber auch dann bleibt noch die Aufgabe, die Bilanz nicht nur auf den Zuständigkeitsbereich einer Kommune begrenzt, sondern für die ganze Einheit des Siedlungsraumes zu erfassen.

c) Bemerkungen zum Problem der „Social costs"

Solange dieses aber nicht möglich ist, sollte man sich auch davor hüten, mit grob gegriffenen und systematisch nicht einmal ganz durchdachten Größen in die Debatte um die Raumordnung einzugreifen, wie das heute leider nur zu häufig geschieht. Ein warnendes Beispiel hierfür ist die Diskussion um die sog. „*social costs*", deren mit der Einwohnerzahl progressiv wachsende Kopf-Rate als ein fragwürdiges Argument gegen die Ballung ins Feld geführt wird. Wenn man das Problem betriebswirtschaftlich konsequent durchdenkt, so wird man erkennen, daß ein Großbetrieb „mehr kostet" als ein Kleinbetrieb, und zwar nicht nur absolut, sondern auch relativ, wenn man die Gesamtaufwendungen je Kopf der Beschäftigten berechnet. Wenn nicht noch andere Gründe dafür verantwortlich sind, so ergibt sich diese Differenz schon aus dem unterschiedlichen Kapitaleinsatz — vor allem also in den Anlagen. Dieser Kapitaleinsatz ermöglicht es aber im Großbetrieb *je Beschäftigten ein Vielfaches zu produzieren* und damit sowohl produktiver als auch rentabler zu sein als ein Kleinbetrieb. Ohne eine Massenproduktion am Fließband und im automatisierten Betrieb hätten wir unseren heutigen Lebensstandard nicht in knapp 100 Jahren erreicht; und hätten Karl Benz oder Adam Opel die Autofabrikation weiter in ihrer Mechanikerwerkstatt betrieben — so hätten heute manche Raumordner und -planer keine Ursache, sich über die Verkehrsprobleme zu beklagen! In dieser Beziehung besteht kein prinzipieller Unterschied zwischen einem Betrieb und einer Stadt, denn beide unterliegen den gleichen betriebswirtschaftlichen Gesetzen. Solange man von einer Anlage verlangt, daß sie gewissen Mindestanforderungen der Rationalität entsprechen soll — und wie will man sie anders auf die Dauer finanzieren — bedarf sie einer gewissen Mindestausstattung und auch einer genügend finanzkräftigen Nachfrage: eine U-Bahn kann man erst rentierlich gestalten, wenn man mit dem Verkehrsbedarf einer hinreichend agglomerierten Bevölkerung von etwa 1,5, eher noch 2 Mill. Menschen rechnen kann. Weniger aufwendige Verkehrseinrichtungen, wie etwa Omnibuslinien kann man schon für wesentlich kleinere Siedlungen schaffen, aber auch hier wird man schon eine gewisse Verdichtung verlangen müssen, denn in reinen Einfamilienhaussiedlungen mit 80 Einwohnern je ha lassen sich auch Omnibusse nicht mehr wirtschaftlich betreiben. So fördert der disperse Einfamilienhausbau weiter die individuelle Motorisierung, da diese Siedlungen anders verkehrsmäßig nicht zu erschließen sind und obendrein das Auto in der Kalkulation des Verbrauchers anderen Bewertungsgrundsätzen unterliegt als etwa der Omnibus beim Direktor der städtischen Verkehrsbetriebe.

Wie man den Großbetrieb nur dann richtig bewerten kann, wenn man nicht den Betriebsaufwand, sondern den Ertrag — etwa in Form des Umsatzes je Kopf der Beschäftigten — mißt, so kann man auch den Standard einer Stadt nicht am je Kopf-Betrag von social costs messen. Man müßte vielmehr so etwas wie ein *Versorgungsäquivalent* zu ermitteln suchen um darzulegen, was denn der Bewohner einer „teuren" Stadt an zusätzlichen Leistungen erhält, die es zuwege bringen — trotz Lärm und Abgasen, jährlich Hunderttausende von Menschen im Entschluß zu bekräftigen, die „amenities", die Bequemlichkeiten des städtischen bzw. des stadtnahen Lebens zu wählen.

Ob es hinsichtlich eines Betriebes oder einer Stadt so etwas wie eine optimale oder gar maximale Größe gibt, bei deren Überschreiten die Vorteile der Konzentration durch andere Nachteile überkompensiert werden, konnte bisher noch von niemandem schlüssig beantwortet werden. Allen Malthusianern zum Trotz vermehrt sich die Weltbevölkerung unentwegt und zwar bei generell steigendem Lebensstandard. Entgegen allen Unkenrufen wachsen die Weltmetropolen; die Region von New York strebt auf die 17 Millionen zu und im Raume von Kalkutta hält man das Entstehen einer Ballung von 60 Mill. Menschen in wenigen Jahrzehnten nicht mehr für ausgeschlossen.

Zweifellos erfordert die Versorgung solcher Agglomerationen ungeheure technische Aufwendungen etwa auf dem Gebiet der Wasserversorgung oder der Abwasser- und Müllbeseitigung etc. Lassen sich aber diese volkswirtschaftlichen Aufwendungen wirklich dadurch abwenden, daß man den Bevölkerungszustrom auf eine Mehrzahl von kleineren Städten ablenkt und ihnen dort ein gleichartiges Lebensniveau schafft oder werden dadurch die Kosten nur anders verteilt, oder sind sie nicht eventuell zusammengenommen sogar noch höher? Wir müssen diese Fragen zunächst so offen lassen wie sie bisher gewesen sind. Ihre Erforschung ist dringend — bis dahin sollten sie aber möglichst „leitbildfrei" und „wertfrei" behandelt werden.

III. Regionale Preisgefälle als Ausdruck von Verbraucherpräferenzen.

Die Möglichkeiten zur Beeinflussung der Raumstruktur durch die Wahl des Ortes der Konsumption lassen sich noch auf manchen anderen Gebieten nachweisen. Am deutlichsten und am unbestrittensten treten sie zweifellos auf dem Gebiet der Grundstückspreise hervor. Die bekannte Glockenkurve der städtischen Grundstückspreise mit ihrem Kulminationspunkt im Zentrum, ihrem Abfall nach der Peripherie und ihren Zwischenspitzen an landschaftlich, oder vom Sozialprestige begünstigten Sonderlagen (Höhenzügen, Parks, Gewässern, etc.) sind der ökonomische Ausdruck für diese unterschiedliche Bewertung des Standortes der Wohnung — die ja einen sehr entscheidenden Anteil an den gesamten Verbrauchsausgaben beansprucht; Spitzen preise für Villengrundstücke im Tessin, an der Riviera oder auf den Bermudas sind die besonders geläufigen Beispiele für diese Zusammenhänge zwischen den Verbraucherwünschen und räumlichen Preisrelationen. Aber auch im engeren Rahmen sind solche Preisabschöpfungen von räumlichen Präferenzen sehr bekannt, wenn man sich auch ihres grundsätzlichen Zusammenhanges nicht immer bewußt wird: es sind die abgestuften Eintrittspreise für Theater, Sportveranstaltungen etc.

Als Gegenstück zu solchen räumlichen Präferenzpreisen finden wir in der Rententheorie die sogenannte *Differentialrente der Lage,* die der Besitzer von Grundstücken bzw. Einrichtungen bezieht, die in den Bereich solcher Lagebevorzugungen geraten. Wir müssen uns hier mit diesen Hinweisen begnügen, aber es dürfte wohl deutlich geworden sein, daß in unser bisheriges Bild der standortsbestimmenden Faktoren die Einflüsse der Verbraucherwünsche als eine Einflußgröße einzufügen ist, die mit dem steigenden Masseneinkommen immer größere Bedeutung erlangen wird.

E. DIE ART DES KONSUMS ALS RAUMBEEINFLUSSENDER FAKTOR

Die Möglichkeiten der Raumbeeinflussung durch die Art des Konsums sind in mancher Beziehung kaum weniger gewichtig, als die des Verbrauchsortes. Die allerdeutlichsten, wenn auch simpelsten Zusammenhänge ergeben sich aus wirtschaftsgeographischen Überlegungen und Einsichten; so z. B. in solchen Fällen, wenn sich etwa auf Grund von Änderungen in den Verbrauchsgewohnheiten (etwa Zunahme des Coca-Cola Konsums auf Kosten des Weinverbrauches) oder technischer Entwicklungen (Kunstfasern anstelle von Baumwolle oder Wolle) die Absatzchancen spezialisierter Produktionsräume grundlegend verändern.

Es können sich aber auch aus einer Differenzierung des Bedarfes und der Nachfrage Entwicklungsmöglichkeiten für Räume ergeben, die auf Grund ihrer produktionswirtschaftlichen Gegebenheiten zu ausgesprochenen Rückstandsgebieten gehören.

Prägnanteste Beispiele hierfür sind die Einflüsse des Tourismus und des Reiseverkehrs auf strukturschwache und wirtschaftsferne Gebiete, die auf einmal die Möglichkeit erhielten, ihren einzigen Reichtum: landschaftliche Schönheit, Ruhe, begünstigtes Mikroklima, geringe Besiedlungsdichte, sportliche Betätigungsmöglichkeiten, etc. wirtschaftlich nutzbar zu machen. In diesem Falle führt dann der Bedarf nach bestimmten Gütern infolge ihrer Standortgebundenheit den Verbraucher dazu, auch den Ort des Konsums wenigstens zeitweise in diese Gebiete zu verlegen.

Erkennen wir aus diesen Beispielen die Einflußmöglichkeiten der Verbrauchsstruktur auf das Wirtschaftsgeschehen einzelner Räume, so ergeben sich bei den Forschungen auf diesem Gebiet folgende weitere Fragestellungen:

a) Was bestimmt die Struktur des Verbrauches?

b) Welche Verbrauchsausgaben sind raumwirksam und in welcher Weise?

Auch hier können wir nur die großen Zusammenhänge aufzeigen, denn es wäre undenkbar, hier auch nur die Quintessenz der Verbrauchsforschung in all ihren Verästelungen bis hinein in die Verbraucherpsychologie darzubieten. Unbestreitbar ist aber die Abhängigkeit der Verbrauchsstruktur von der Höhe des Einkommens der Verbrauchereinheiten (Einzelpersonen bzw. Haushaltungen). Bereits *Engel* und *Schwabe* haben die grundlegende Tatsache aufgedeckt, daß die Ausgaben für den primären (unelastischen) Lebensbedarf (vor allem Ernährung, Bekleidung und

Wohnung) eine relative konstante Größe darstellen, sodaß bei steigendem Einkommen ihr Anteil an den gesamten Verbrauchsausgaben sinkt. Umgekehrt steigt mit zunehmendem Einkommen der Anteil des elastischen Bedarfes (Wohlstands- und Luxusbedarf), wobei sein typisches Kennzeichen eine Tendenz zur fortschreitenden Differenzierung ist. Bei unseren vorangegangenen Betrachtungen haben wir bereits gezeigt, wo ein weitgehend differenzierter Bedarf am wirtschaftlichsten dargeboten und daher am günstigsten befriedigt werden kann. Daß sich hieraus gegenseitige Beziehungen zwischen Bedarfsstruktur und Verbrauchsstandort ergeben, dürfte auf der Hand liegen, und wenn man weiter annimmt, daß auch die kommende Entwicklung zu einer stetigen Erhöhung des Masseneinkommens führt, kann man ohne allzu große Mühen die von den Wandlungen in der Verbrauchsstruktur ausgehenden Einflüsse auf die regionale Bevölkerungsverteilung ableiten. Für Deutschland liegen bisher noch keine Vorausberechnungen über die Entwicklung der Verbrauchsstruktur vor; entsprechende Untersuchungen für die USA und Schweden fundieren aber die Zulässigkeit der von uns aufgestellten Behauptungen. Die Raumwirksamkeit der verschiedenen Verbrauchskategorien ist ein bisher noch kaum erforschtes Gebiet und wir können daher an dieser Stelle nur auf die Notwendigkeit entsprechender Untersuchungen wie etwa Aufstellung von raumelevanten Verbraucher-Warenkörben als Gegenstück zum Studium der Unterschiede der Verbrauchsausgaben nach dem Standard-Budget hinweisen.

F. INDIREKTE EINFLÜSSE DES VERBRAUCHERVERHALTENS AUF DAS STANDORTSGEFÜGE

Da die Wirtschaft im gleichen Maße wie der Einfluß des Verbrauchers auf das Marktgeschehen zunimmt, sich auf dessen Wünsche und Verhaltensweisen einzustellen beginnt, kann man aus ihren Dispositionen Rückschlüsse auf das Verbraucherverhalten ziehen.

Eine der bedeutsamsten Folgeerscheinungen dieser Art dürfte wohl neben dem starken Ausbau der Verbrauchsgüterindustrie die zunehmende Bevorzugung der *„großen Absatzmärkte"* für die Niederlassung von Industriebetrieben sein.

Da die technische Entwicklung die Industrie von ihren früheren Standortabhängigkeiten weitgehend befreit hat, suchen die Betriebe immer mehr die Nähe der großen Absatzzentren und den möglichst engen Kontakt zu den Verbrauchern. So kann man in Nord-Amerika beobachten, daß Großbetriebe der Endstufe (z. B. Automobilwerke) mit Montagebetrieben bis an die großen Metropolen heranrücken und nur noch die Teilfabrikation im Hauptwerk belassen.

Ganz ohne Zweifel wird man also damit rechnen können, daß Konzentrationen von Verbrauchern als Absatzzentren auch als Produktionsstandorte für große Teile der Industrie zunehmende Attraktivkräfte entwickeln werden. Auch hier ergibt sich ein wichtiges Forschungsgebiet. Wichtig wäre hierbei allerdings eine Ergänzung der statistischen Systematik der Industrie mit dem Ziele, die Gliederung nicht nur vom input, sondern vom output her aufzubauen, also nicht vom Rohmaterial (z. B. Holzverarbeitung, NE-Metalle usw.) und nicht von der Art des technischen Verarbeitungsprozesses (Spinnerei oder Weberei, Chemische Industrie), sondern vom Endprodukt, denn dieses dürfte in Zukunft immer stärker standortsbestimmend werden!

G. ZUSAMMENFASSUNG

In unserer Betrachtung haben wir den Versuch unternommen, in gedrängter Form darzulegen, in welcher Weise das soziale und wirtschaftliche Gepräge eines Raumes außer von den natürlichen und ökonomischen Faktoren auch von rein menschlichen und sozialen Verhaltensweisen mitbeeinflußt werden kann. Von diesen oft so widerspruchsvollen, ja wechselnden, unvorhersehbaren und fast rätselhaften und doch auch zielbewußten, bis ins einzelne durchdachten und konsequent verfolgten Wünschen und Triebkräften, die John B. *Priestley* so meisterhaft in sein Aperçu gekleidet hat, das wir unserem Beitrag als Motto vorangestellt haben.

Es ist nicht nur eine treffende und wohl auch von manchem von uns beobachtete Illustration zu unseren Thesen von den Einflüssen menschlicher Triebkräfte auf die Standortswahl. Es birgt in sich auch das Kernstück unserer anthropogenen Standortsüberlegungen. Denn das dort geschilderte Verhalten ist nicht so sinnlos, wie es im ersten Augenblick erscheint. Es spiegelt eine durchaus konsequente Linie wider, denn das Streben in die Stadt basiert auf dem Streben nach einem höheren Lebensstandard und wenn dieser erreicht worden ist, ermöglicht er es, wieder „aufs Land zu ziehen" — aber dann in einer bevorzugten wirtschaftlichen Position und in eine bevorzugte wirtschaftliche Lage, was ohne diesen „Umweg" nicht hätte erreicht werden können!

(1) Berry Brian J. d. und Pred. Allan: Central Place Studies. A Bibliography of Theory and Applications, Regional Science Institute, Philadelphia, USA 1961

(2) Evers, Schmucker, Teich: Regionale Unterschiede in den Lebenshaltungskosten. Mitteilungen aus dem Institut für Raumforschung, Heft 48, Bad Godesberg 1963

(3) Bobek, H. Über einige funktionelle Stadttypen und ihre Beziehung zum Lande. Comptes rendus du congres international de géographie, Amsterdam 1938

(4) Müller Georg: Raumwirksame Ausgaben im Bundeshaushalt 1962. Raumforschung und Raumordnung XXI Jahrg. 1963, Heft 2, S. 65—86.

ERICH BODZENTA

Bemerkungen über Entwicklung und Probleme der Sozialökologie

A. VORBEMERKUNG

Vor 25 Jahren nannte eine nicht sehr freundliche Kommentatorin die Sozialökologie „eine der am meisten definierten und einflußreichsten Schulen in der amerikanischen Soziologie" (1). Es war dies gerade zu Beginn einer Periode, in der die in den Zwanzigerjahren in den USA kometenhaft aufgestiegene neue Forschungsrichtung bezüglich ihres ersten, „klassischen", Ansatzes einer heftigen Kritik unterzogen werden sollte. Der außerordentliche Einfluß der ökologischen Richtung war während der Zwischenkriegszeit in der Tat vorhanden und die Überschätzung ging manchmal soweit, die Soziologie überhaupt und auch Teile der Geographie einfach mit der Ökologie gleichzusetzen. Auch eine Vielfalt der Definitionen und Objektbestimmungen, in kaum zwei Jahrzehnten entwickelt, war Tatsache und es bedurfte zweifellos einer Klärung.

Scharfe Kritik, Korrekturen des theoretischen Ansatzes, Überprüfung der frühen Ergebnisse, neue Ansätze kennzeichneten die Situation dieser Wissenschaftsrichtung im Laufe der Vierziger- und frühen Fünfzigerjahre. Den Bilanzen folgte aber sehr bald eine Neubesinnung. Nun scheint es, daß etwa seit einem Jahrzehnt ein neuer Aufschwung sozialökologischer Forschung, in exakteren Bahnen als vordem, vor sich geht. Erstaunlich bleibt bei dieser Entwicklung das relativ geringe Echo in den europäischen Sozialwissenschaften sowie die Scheu, Terminus und Methode der Sozialökologie zu übernehmen. Das um so mehr, wo doch in anderen Bereichen nach dem Zweiten Weltkrieg eine weitgehende Rezeption amerikanischer Sozialforschung erfolgte. Vielleicht mag es zum Teil daran liegen, daß die typischen Fragestellungen bei uns schon teilweise von anderen (oder bloß anderes benannten) Forschungsrichtungen aufgegriffen waren. Die in Frankreich „soziale Morphologie", in Holland und Deutschland „Soziographie" genannte Disziplin, die Anthropogeographie in ihrer Spezialisierung zur Sozialgeographie sowie auch die mehr pragmatische Raumforschung, welche in Europa vielleicht besser ausgebildet ist als in Amerika, hatten schon das Feld besetzt. — Dennoch scheint im Grenzgebiet von Raum- und Gesellschaftswissenschaften in Europa eine methodische Lücke zu bestehen, ein Mangel, dem durch die nähere Beschäftigung mit der hochentwickelten amerikanischen Sozialökologie eventuell abgeholfen werden könnte.[1]

---

[1]) Deshalb wurde auch dieser Artikel in der vorliegenden Form geschrieben. Von den wenigen Publikationen in deutscher Sprache, welche sich unserem Thema widmen, sind die beiden wichtigsten jene von Karl Gustav Specht (Ökologie. Im Handwörterbuch der Sozialwissenschaften, Tübingen 1961, 8. Band, S. 45—51, und früher: Mensch und räumliche Umwelt. In: Soziale Welt, Dortmund 1953, Heft 4) und Amos H. Hawley (8). Ersterer betont u. E. die eigenständige amerikanische Entwicklung zu wenig, letzterer erscheint einer bestimmten Richtung (neo-orthodox) zu sehr verhaftet. — Somit dürfte eine neuerliche umfassende Darlegung gerechtfertigt sein.

B. ALLGEMEINES

I. Über den Begriff Ökologie

Der erstmals von Ernst *Haeckel* 1866 in die wissenschaftliche Diskussion[2]) einge-
führte Begriff „*Ökologie*" (2) entspringt, vom griech. oikos = Haus und Hof, Familie,
Lebensraum, abgeleitet, der gleichen Wortwurzel wie Ökonomie. Ganz allgemein
bedeutet es die Lehre von der *Standort- bzw. Umweltbedingtheit der Lebewesen.*
Durch Charles *Darwin* gewinnt der Begriff in der Biologie hohe Bedeutung, da er
einen zentralen Platz in seiner Theorie vom Kampf ums Dasein einnimmt. Den
Ablauf des Lebensvorganges sah ja Darwin in drei Phasen mit starker Interdependenz: Bemühung der Organismen um gegenseitige Anpassung, Ausformung dieser
Vorgänge zum Kampf ums Dasein und schließlich Einwirkung der Umweltfaktoren
auf die Bedingungen der Anpassung des Daseinskampfes. Dieser Lebensvorgang
wurde und wird an der Symbiose verschiedener Pflanzen und Tiere am jeweiligen
Standort mit seinen Umwelteinflüssen, also ökologisch, studiert.

Nachdem dieses heuristische Prinzip in der Biologie so fruchtbar wurde, entstand
in diesem Sinne eine allgemeine, umfassende Ökologie *aller* Lebewesen, die sowohl
Pflanzen wie Tiere und Menschen umschloß. Jene totale Ökologie wollte versuchen,
„alle Beziehungen aller Organismen zu ihrer Umgebung in ganzer Ausdehnung"
zu erforschen (3), denn „Leben ohne Umwelt ist nicht möglich und kann gedanklich
nicht erfaßt werden" (4). In einer eigenen Zeitschrift („Ecology") wird diese Lehre
durch Jahrzehnte vertreten und noch in der Gegenwart kann Amos H. *Hawley*, einer
der führenden Human-Ökologen der älteren Generation, den Menschen vorwiegend
in einen biologisch-deterministischen Prozeß einbezogen sehen, wie aus dem Satz
„Jeder Organismus, Pflanze und Tier — der Mensch eingeschlossen — ist in einem
dauernden Prozeß der Anpassung an die äußere Umgebung begriffen" (5) hervorgeht.
Auf solcher Basis kam es zu einem *holistischen Konzept der Ökologie,* wodurch aber
letztlich eine ganze Reihe von Wissenschaften in irgendeiner Weise darin mitein-
bezogen werden könnten. Eine derartige „Dachwissenschaft Ökologie" (mit ihrem
Vertreter *dem* Ökologen) erwies sich aber als unrealistisch. Eine Auffächerung war
praktisch und sachlogisch notwendig[3]). Bezeichnenderweise erfolgt von der Biologie
selbst her die Trennung in Pflanzen- und Tierökologie, wovon sich die Menschen-
ökologie zwangsweise absonderte in die anthropologischen Fächer hin. Obwohl also,
etwa ab Ende des ersten Weltkrieges, für die drei organismischen Gattungen die
Bezüge zur Umwelt getrennt untersucht wurden, blieben für die „Menschen-Sektion"
die Begriffsschemata und Theorien der Botaniker und Zoologen — wie noch auszu-
führen sein wird — sehr lange von Bedeutung.

Eine derartige ökologische Betrachtungsweise des Menschen, also der Personen in
ihren Umweltbezügen, besitzt aber zwei grundverschiedene Aspekte:

1. Das Verhalten des Einzelmenschen gegenüber den Einflüssen von Boden, Klima,
Entfernung, Land, Stadt, Nachbarschaft usw. und

---

[2]) Kurioserweise wird in deutschen und amerikanischen Publikationen stereotyp das falsche Jahr 1869
angegeben.
[3]) Nach den Ansichten der klassischen Philosophie, wonach jede Wissenschaft zu ihrer Abgrenzung
eines Material- und eines höchsteigenen Formalobjektes bedarf, käme eine holistische Ökologie
in ziemliche Schwierigkeiten. „Das gesamte Leben in seiner Umwelt" als Materialobjekt
ist so vage und zwischen niederen Organismen und Mensch so disparat, daß konkret damit nicht
viel anzufangen ist. Auch Umwelteinflüsse, Symbiose, Anpassung als Formalobjekt sind nur
unscharf definiert und kommen, beim Menschen jedenfalls, verschiedenen Wissenschaften zu.

2. Das Verhalten von menschlichen *Gruppen* gegenüber diesen Umwelteinflüssen[4]).
Die erste Betrachtungsweise, welche den Menschen in seinen Aktionen und Reaktionen
personal isoliert, kann man *„autökologisch"* nennen. Sie wird von mehreren Wissenschaften gehandhabt, wie teilweise von der physischen und philosophischen Anthropologie[5]), der Medizin und der Psychologie. Willy *Hellpach* etwa arbeitete in dieser
Richtung (6). Letztere, weil sie menschliche Gemeinschaften verschiedenster Form
in ihren Umwelt- bzw. Raumbezügen zu fassen versucht, kann man *„sozialökologisch"*
nennen.

Für die Soziologie (und für unsere weitere Darlegung hier) kommt nur die Betrachtung der Umwelteinflüsse auf menschliche Gruppen (bzw. umgekehrt) in Frage,
weshalb ausschließlich der Begriff *„Sozialökologie"* verwendet werden soll[6]).
Das gilt auch für die Übersetzung der in der amerikanischen Literatur unbekümmert
synonym gebrauchten Ausdrücke *human ecology* (historisch begründet als Unterscheidung gegenüber Pflanzen- und Tierökologie) und *social ecology.* Auch in dem
von R. *König* herausgegebenen Handbuch der empirischen Sozialforschung wird bei
dem Artikel A. Hawleys, einem Autor, der im Englischen vorwiegend human ecology
gebraucht, stets von Sozialökologie gesprochen (8).

Aus der ökologischen Fragestellung erhält die amerikanische Soziologie am Beginn
unseres Jahrhunderts ganz entscheidende Impulse. Impulse zur Verfeinerung einer
exakten empirischen Methodik und Impulse zur Bildung eigener Theorien, welche
den Ablösungsprozeß der Soziologie von Philosophie und Wirtschaftswissenschaften
entschieden beschleunigten. Eine gewisse Abhängigkeit von biologischen Theorien
und von praktischen geographischen Arbeitsweisen bleibt jedoch für die erste Zeit
noch erhalten.

II. Die „klassische" Sozialökologie[7]).

In der Fachliteratur tauchte der Begriff „human ecology" erstmalig 1921 in dem
von Robert E. *Park* und Ernest W. *Burgess* herausgegebenen Werk: „An Introduction
to the Science of Sociology", auf (9). Die Autoren versuchen darin, das theoretische
Grundschema der Pflanzen- und Tierökologie auf das Studium menschlicher Gemeinschaften zur Anwendung zu bringen. Diese Betonung biologistischer Analogien
wird, wie schon gesagt, für den ersten Entwicklungsabschnitt entscheidend bleiben.
Das bald darauf erscheinende Buch „The City", von den drei „Vätern" der Sozialökologie *Park, Burgess* und *McKenzie* gemeinsam herausgegeben (10), behandelte
dann erstmals sowohl Theorie wie auch praktische Anwendung der ökologischen
Methode im Hinblick auf gesellschaftliche Fakten. Durch diese kleine Publikation

---

[4]) Diese Unterscheidung ist bloß abstrakt, da der Mensch immer auch gruppenbedingt oder zumindest gruppenbezogen handelt, weil es eben seiner Natur als Person und Sozialwesen entspricht.

[5]) Nicht zu verwechseln mit der Kulturanthropologie oder Sozialanthropologie, die (ethnologisch
orientiert) gerade den zweiten Aspekt hervorkehrt. Vgl. G. Heberer u. a., Anthropologie (Fischer-
Lexikon), Frankfurt/M. 1959, S. 296.

[6]) Auf einen Streit, welche Form der lateinischen Wortwurzel verwendet werden sollte (socius,
socialis), wollen wir uns nicht einlassen. Vgl. die aufschlußreiche Studie von A. Geck (7).

[7]) Herrn Prof. George A. Theodorson von der Pennsylvania State University, der 1962/63 Gast-
professor in Wien war, dankt der Verfasser für Gespräche und zahlreiche Anregungen und
Hinweise aus seinem Reader „Studies in Human Ecology", Evanston Ill./Elmsford N. Y. 1961,
worin viele wichtige, heute schwer im Original zugängliche Artikel (z. T. auszugsweise) wieder-
abgedruckt sind.

„erfuhr die amerikanische Soziologie die fruchtbarste theoretische Anregung, die ihr in den folgenden zwei Jahrzehnten zuteil werden sollte." (11) Am bekanntesten davon dürfte wohl Burgess' Beitrag über die bauliche und soziale Zonung Chicagos geworden sein, die als theoretisches Modell zahlreiche Lehrbücher beeinflußte. Die sich hieraus entwickelnde Chicagoer Schule der Sozialökologie suchte die Umweltbeziehungen der sozialen Gruppen fast ausschließlich in der kleinen Raumeinheit der *Gemeinde*. So war von Anfang an, insbesondere bei der Großstadtforschung, „community research" und „ecological research" kaum zu trennen.

Nach einem Jahrzehnt empirischer Erprobung und klärender Überlegung wurde das theoretische System der „klassischen" Sozialökologie wohl am deutlichsten von *Park* dargelegt (12). Ausgehend von der Grundüberzeugung eines Allzusammenhanges des Lebens (web of life), in welchem natürliches Gleichgewicht nach Zahl und Art der Lebewesen herrscht, sieht er den wichtigsten Prozeß des menschlichen Zusammenlebens im Wettbewerb, in der Konkurrenz (competition), wodurch immer wieder ein neues Gleichgewicht hergestellt wird. Der Konkurrenzkampf ist aber wesentlich bodenverbunden, die Auseinandersetzung geht um Räume bzw. bessere Standorte (struggle for space). Kurz, in der menschlichen Gesellschaft ist derselbe Vorgang der Auslese zu beobachten wie auf dem Niveau von Flora und Fauna, nur „hat der Existenzkampf höhere und sublimiertere Formen angenommen". Wegen des hohen Abhängigkeitsgrades in der arbeitsteiligen Gesellschaft kann der Wettbewerb aber niemals total sein, sondern schließt mehr oder minder automatisch, ungeplant jedenfalls, auch Kooperation mit ein. Als Resultat dieser konkurrierenden Zusammenarbeit (cooperativ competition) entstehen ungeplant, „natürlich", symbiotische Vergesellschaftungen. Derartige „Symbiosen" sind die Städte als ganzes und sie werden in ihren Teilen als „natürliche" oder „funktionelle" Zonen (areas) aufgefunden.

In jeder Lebensgemeinschaft sind eine oder mehrere dominante species festzustellen. In den Pflanzengemeinschaften sind es gewöhnlich die Sieger im Kampf um das Sonnenlicht. Wenn z. B. Klima und Boden Waldwuchs begünstigen, so werden die Bäume dominieren, während Sträucher, Gräser u. dgl. im Schatten existieren müssen. Ebenso wirkt das Prinzip der „*Dominanz*" in den menschlichen Gemeinschaften. Es ist jene „Funktion des Organismus, welche die für die Funktionen aller zusammenhängenden Organe wesentlichen Voraussetzungen kontrolliert" (13). Das Zentrum der modernen Stadt mit Handel und Verwaltung übt diese Dominanz aus, die auch weit in das städtische Umland hinausreicht, sagt McKenzie (14). So verdanken zentrale Geschäfts- oder Bankviertel genauso wie Slums ihre Existenz zwar indirekt dem Wettbewerb, direkt aber der Dominanz jener Faktoren die sich durchgesetzt haben. Ebenfalls diesem Kräftesystem eingeordnet ist das Bemühen von Industrie und Handel um strategische Standorte, wie auch die Verteilung der Bevölkerung und ihrer Wohngebiete davon bestimmt ist. Gewöhnlich zeigt die Höhe der Bodenpreise die dominanten Lagen an. Die Dominanz verursacht auch, beeinflußt von Zügen der physischen Natur (Terrainerhebungen, Flüsse etc.), das innerstädtische Muster und die funktionalen Beziehungen der verschiedenen Viertel zu allen anderen.

Dominanz ist weiters, immer nach Park, soferne sie zur Stabilisierung tendiert, indirekt verantwortlich für das Phänomen der „*Sukzession*". Es ist ebenfalls eine Analogie aus der biologischen Ökologie und bezeichnet eine spezielle Gesetzmäßigkeit des sozialen Wandels: Im städtischen Wachstumsprozeß von einem ersten relativ unstabilen Zustand bis zu einem gewissen Reifepunkt erfolgt in den Ausdehnungsgebieten nacheinander ein Bevölkerungsaustausch (z. B. folgen den an die Peripherie ziehenden Alteingesessenen neue Einwanderer), eine „Invasion", in mehreren Phasen. Der Prozeß dauert so lange an, bis eine bestimmte Gruppe an die Umwelt soweit angepaßt ist, daß sie das Gebiet unter Kontrolle halten kann[8]). Entscheidend erscheint Park dabei, daß die Entwicklung nicht von den Individuen getragen wird, sondern von der Gesellschaft selbst, wie bei Pflanzen und Tieren. Das heißt, „das Beziehungssystem zwischen den Arten ist gleichsam eingeschlossen in den ordentlichen Prozeß des Wandels und der Entwicklung".

In seiner Theorie sieht Park (und mit ihm die meisten Sozialökologen) die menschliche Gesellschaft — die sich, wie ihm völlig klar ist, nicht ganz in das biotische System einordnen läßt — auf zwei verschiedenen Niveaus organisiert: dem biotischen und dem kulturellen. Das biotische, auch subsoziale Niveau bildet die Basis der nichtrationellen, „natürlichen" Gesellschaftsorganisation, der Symbiose. Der Wettbewerb auf dieser Ebene[9]) bestimmt die räumliche Verteilung der Personen. Anders ausgedrückt: die räumliche Verteilung ist der Reflex der bloß biotischen Sphäre der Gesellschaft. Die kulturelle Sphäre dagegen, welche in persönlichen Beziehungen, bewußten Übereinstimmungen, Sitten und Moral zum Ausdruck kommt, wird als darüberstehend, als Superstruktur angesehen. Die biotische Sphäre tritt nach Park aber als soziale Erscheinung in der Form der „Gemeinde" auf, dem räumlichen Gesellschaftsgebilde schlechthin; die kulturelle Sphäre dagegen als „Gesellschaft". Und die biotische Ebene allein wird von der klassischen Sozialökologie als Forschungsfeld angesehen, „kulturelle" Faktoren sind von der Untersuchung ausgeschlossen. — Damit bleiben die ökologischen Studien für längere Zeit auf eine gewisse Thematik und auf das Feld der Gemeinde bzw. die Großstadt beschränkt.

Ein nur gering abweichendes Konzept besaß der ebenfalls zu den einflußreichsten Sozialökologen der klassischen Periode zu zählende Roderick D. *McKenzie*[10]). Seine Theorie ist mehr ökonomisch orientiert und weniger biologistisch. Auch schließt er kulturelle Faktoren nicht strikte von der Analyse aus. Nichtsdestoweniger schließt er sich Park weitgehend an und sieht im *Wettbewerb die Grundlage des ökologischen Prozesses*. Dieser kulminiert im Zentralisationsprozeß der Städte, in Konzentration, innerstädtischer Segregation und Sukzession der Bevölkerung.

In der bekannten, hier auch schon erwähnten Theorie der *konzentrischen Zonen des Städtewachstums* erreicht die Arbeit E. W. *Burgess'*, des dritten Klassikers, ihren Höhepunkt. Wie die beiden anderen vorwiegend biologisch denkend, betont er die Dominanz des zentralen Geschäftsviertels, von wo her er die Variation der natürlich entstehenden Zonen relativ homogener Bevölkerung und ähnlicher Bodennutzung bestimmt sieht. (Die fünf Zonen sind von innen nach außen: „The Loop", der zentrale Geschäftsplatz von Chicago, allgemein „downtown"; die Zone „in transition", mit Leichtindustrie, Slums und farbiger Bevölkerung; die Industriearbeiterwohnzone; die Wohnzone (höherer Klassen) und die „Commuters Zone"). Burgess selbst sieht nur die amerikanische Stadt derartig gebaut (16) und bezeichnet die Ringe nur als abstraktes Idealmodell (17). Die These wurde jedoch allgemein akzeptiert, verschiedentlich auch bei Stadtanalysen praktisch angewendet.

---

[8]) Vgl. Burgess' Ringe.

[9]) Auch hinsichtlich der Wirtschaft wurde folgerichtig so unterschieden; nur „biological economics" seien zu untersuchen.

[10]) Auf seine Studie über die Puget Sound Region (15) geht übrigens der Begriff der Sukzession zurück, welchen Park später in seine Theorie einbaute.

Den letzten wichtigen Baustein zur klassischen ökologischen Theorie lieferte schließlich Harvey W. *Zorbaugh* (18). In allen anderen Punkten den Ansichten der oben genannten folgend, einschließlich des konzentrischen Wachstums, betont er jedoch die Gliederung der Stadt in noch kleinere Teile. Er nennt sie *„natural areas"*, weil sie, ebenso wie die Großzonen, das ungeplante Resultat des Stadtwachstums sind. Topographische Unterschiede, Transportlinien, Parks und Boulevards einerseits, der gesellschaftliche Wettbewerb mit Siebung, Auslese und dadurch Segregation der Wohnbevölkerung andrerseits, fixieren die Grenzen unterschiedlicher innerstädtischer Viertel. „Eine ‚natural area' ist ein geographisches Gebiet, welches sowohl durch seine physische Individualität, wie durch die kulturellen Charakteristika der dort lebenden Bevölkerung charakterisiert ist" (19). Wie bei den Pflanzengemeinschaften sind an bestimmte örtliche Bedingungen entsprechende Personengruppen gebunden, die im Anpassungsprozeß ähnliche Geschäfte, Institutionen und sogar Lebensansichten entwickeln. Grundstückspreise und Lagerenten spielen selbstverständlich eine entscheidende Rolle.

In vielen größeren amerikanischen Städten wurden einander ähnliche Systeme der Gliederung in natural areas gefunden. Typen wie „black belt", „Harlem", „Chinatown", „Greenwich Village" oder „Gold Coast" (20) kehren immer wieder, wobei Größe und Funktion ziemlich unterschiedlich sein können. Zorbaugh fiel auch sofort die Diskrepanz zwischen Verwaltungs- und „natürlichen" Einheiten auf, worauf Geographen und Historiker, allerdings für Großräume wie Länder und Staaten, schon viel früher hingewiesen hatten. Bekannt klingt uns seine Klage über die völlig ungenügenden statistischen Unterlagen zur Erfassung realer sozialer Einheiten, da die üblichen Zählsprengel willkürlich begrenzt seien. Vieles an diesen Vorstellungen wird später einer Kritik zu unterziehen sein. Dennoch scheint uns der folgende Satz Zorbaughs in seinem Anspruch gültig zu bleiben: „ ... sicher ist es anscheinend, daß Stadtplanung ... nur dann ökonomisch und erfolgreich sein kann, wenn sie die natürliche Organisation der Stadt erkennt." (21)

Dieser geschilderte theoretische Bezugsrahmen und sein Begriffssystem waren die Basis zahlreicher empirischer Untersuchungen in den Zwanziger- und Dreißigerjahren. Auch in Amerika, angefeuert durch das sozialreformerische Interesse der Wissenschaftler an einer Ordnung des wilden und ungesunden Wachstums der Großstädte[11]), wurden die verschiedensten Faktoren in ökologischer Hinsicht studiert[12]). So wurden bestimmte Menschenkategorien analysiert, wie die Bohemiens in Hoboken (New York) oder die räumliche Verteilung der geschiedenen Frauen in Philadelphia (22, 23). Die Streuung von Krankheiten (24), Delinquenz (25) und Laster (26) über das Stadtgebiet wurden untersucht. Bodenpreise und Landnutzung sind ein stets wiederkehrendes Thema (27, 28) und die Sukzession wird auch am Beispiel der Abfolge der Grundeigentümer zu erfassen versucht (29). Die ökologische Gliederung größerer Städte und Siedlungsräume ist ein wichtiges, aber seltener durchgeführtes Anliegen (30). Amerikanische Geographen paßten sich der Methodik rasch an und schalteten sich ebenfalls mit Studien ein (z. B. 31, 32). Schließlich wurde versucht,

---

[11]) Die Übersetzung der Forschungsergebnisse in die praktische Stadtplanung leistete C. A. Perry (21a), auf den der Nachbarschaftsentwurf mit Volksschule und Geschäften im Zentrum eines von Gewerbebetrieben entmischten neuen Wohngebietes mit Fußgängerstraßen und Spielplätzen zurückgeht.

[12]) Nicht alle der genannten Arbeiten waren dem Autor im Original zugänglich. Sie stellen übrigens nur eine beispielhafte Auswahl dar.

die in den USA gefundenen ökologischen Muster in anderen Ländern zu überprüfen;
zuerst in Südamerika (33), später auch in Europa (34) und Asien (35)[13].

C. ENTWICKLUNG DER SOZIALÖKOLOGIE IN EUROPA

Bevor wir auf eine Kritik der klassischen Position eingehen wollen, das Aufzeigen
ihrer Übersteigerungen und Fehler ebenso wie ihrer Verdienste und auf den neuen
Ansatz der gegenwärtigen Sozialökologie, sei ein ganz kurzer, unvollständiger Blick
auf die entsprechende europäische, besonders deutschsprachige Literatur geworfen.
Um es vorweg zu nehmen: es gibt während dieses Zeitraumes keine vergleichbare
Entwicklung. Das ist überraschend, denn schon sehr früh gab es Impulse, welche
in dieser Richtung hätten wirksam werden können. Einmal war dies die mit dem
von Th. *Petermann* 1903 herausgegebenen Sammelwerk (37) ins Rollen gekommene
Großstadtforschung, durch die es zu fruchtbaren Kontakten verschiedener Wissenschaften am gemeinsamen Materialobjekt kam, sodann das Bemühen von S. R. *Steinmetz* und seiner Amsterdamer Schule, Soziologie, Ethnologie und Geographie zu
vereinen, wofür er 1913 den allerdings mehrdeutigen Begriff „*Soziographie*" ein-
führte (38).
Die europäische Soziologie war jedoch zu sehr in grundsätzliche Auseinandersetzungen im Sinne der theoretischen Systeme E. *Durkheims* und M. *Webers* verstrickt, um,
trotz aller Ansätze zu empirischer Forschung schon zu Beginn des Jahrhunderts, das
Thema aufnehmen zu können. Der Werturteilsstreit, die ressentimentgeladene Diskussion über Gemeinschaft und Gesellschaft, die spekulative Auseinandersetzung über
den „wahren" Staat beanspruchten die Kräfte. Auch die Anregung *Steinmetz'*, der
das „unnütze A-Priori-Gerede" verabscheute und der nichts anderes wollte, als daß
zunächst „still gearbeitet werde", wurde von den deutschen Soziologen zuerst einmal
in einen langatmigen terminologischen Disput abgebogen[14]. Bis etwa A. *Vierkandt*
und Th. *Geiger* in medias res steigen konnten, war mit dem Hiatus von 1933 die
deutsche Soziologie bereits in der Verbannung. Für Ansätze einer Forschung über
die Raumbezüge gesellschaftlicher Gebilde kann eher auf Frankreich verwiesen werden, besonders auf Maurice *Halbwachs*. Unter der Bezeichnung „morphologie sociale"
laufen seine Untersuchungen über Demographie, Wanderung, Familie, politische
und religiöse Gruppen in deren Raumbezogenheit und in der städtischen Agglomeration (39, 40).
In der Geographie wurden eigentlich stets einzelne soziale Fakten in ihrer räumlichen Beurteilung untersucht, besonders seit Fr. *Ratzels* Anthropogeographie (1882 ff.)
oder P. *Vidal de la Blache's* géographie humaine. Der Ton lag dabei aber auf
*Einzel*fakten, wie Rassen, Religionen, Bevölkerungsdichten, bestimmte Feld-
bauweisen, Siedlungsformen u. dgl. in ihrer Konzentration bzw. Streuung und nicht
auf der Landschaftsprägung durch soziale Komplexe. Auch wurden eher Großräume,
wie Staaten und Länder studiert und die Methode blieb eigentlich auf die Erfassung
statischer Strukturen beschränkt. Mangels einer sozialen Theorie, über ihre Ver-
breitungs- und Beziehungslehre hinaus, konnte die Geographie die Dynamik der
Gruppen und eine dadurch bedingte Landschaftsformung nicht in den Griff bekommen.

---

[13]) Für weitere Literaturangaben sei auf G. A. Theodorson, a. a. O., A. H. Hawley, a. a. O. und
E. E. Bergel (36) verwiesen.
[14]) Vgl. Literaturhinweis 5. (1926) und 7. (1930) Deutscher Soziologentag.

Neben Hugo *Hassingers* klärender Systematik der Anthropogeographie nimmt u. E. seit den späten Zwanzigerjahren aber H. *Bobeks* Ringen um eine theoretische Fundierung der *"Sozialgeographie"* eine eigene Stellung ein. Seit 1927 (41) tastet er sich von einer genuin geographischen Schau her an das Problem der räumlichen Ausforschung typischer gesellschaftlicher Gruppenstrukturen heran. Diese, nicht nur den Menschen an sich oder einzelne Artefakte, wie Siedlungen, Verkehrslinien u. dgl., sondern gesellschaftliche Gesamtkomplexe, nach Strukturen und Funktionen in ihrer räumlichen Wertigkeit erfassende Schau, stellte in der geographischen Landschaftskunde durchaus ein Novum dar[15]). Schon in der Innsbruck-Studie, einer in vieler Hinsicht[16]) vorbildhaft wirkenden Leistung der Stadtgeographie, zeigen sich exemplarische Ansätze der neuen Denkrichtung (42).

Schließlich könnte man sagen, daß W. *Christaller* (43) gleichsam das räumliche missing link zwischen der Länder- und Staatenkunde einerseits und den kleinräumlichen Anliegen der Ökologen andrerseits, aufgriff: das System der *„zentralen Orte"* und ihrer *„Ergänzungsgebiete"* in seiner vorwiegend ökonomischen Bedingtheit. Das Netz zentralörtlicher Einflußbereiche erfüllt ja gerade den Raum zwischen den vornehmlich behandelten Polen Stadt und Länder. Christallers Arbeit bedeutet aber auch methodisch den Sprung — wenn schon nicht den einzigen, so doch den wichtigsten der Dreißigerjahre — zum funktionalen Denken, über die alte, schematische Anthropogeographie hinaus. — Diese Mittelfeld zwischen Länderkunde und Stadtforschung sollte in Europa bald auch von einer weiteren, mehr pragmatischen Disziplin besetzt werden, nämlich — verbunden mit wirtschaftlichen und technischen Fragestellungen — von der *Raumforschung* und deren technischem Pendant, der Raumplanung.

D. KRITIK AN DER KLASSISCHEN SOZIALÖKOLOGIE UND NEUER ANSATZ

Eine der ersten Attacken gegen die klassische Theorie, vor allem gegen *Burgess'* Ringmodell des Städtewachstums, ritt Maurice R. *Davie* von der Yale Universität (44). New Haven, in dessen Zentrum Yale liegt, schien in seiner Gliederung ganz und gar nicht der herrschenden Ansicht zu entsprechen. Nach ausführlichen Erhebungen über Bodennutzung bzw. Wohnvierteltypen, Funktionskartierung der Straßenfronten und Verteilung der Bevölkerung nach verschiedenen sozialen Merkmalen, stellte Davie fest, daß in New Haven keine Ringzonung vorhanden sei, wohl aber ein Mosaik von 25 unterschiedlichen natural areas. Während sich dieselben nicht zu Zonen summieren ließen, zeigen sich größere Linien etwa bei der Entwicklung des Geschäftslebens entlang der Ausfallstraßen, mit der Bildung äußerer *Subzentren* und hinsichtlich der Lokalisierung von Wohngebieten unterer Schichten und Industriegeländen entlang der Bahnen. Aus dem Planstudium 20 weiterer Städte sieht er sein Ergebnis auch in allgemeiner Form bestätigt. Schließlich bezeichnet er, weiter folgernd, die Städte der Gegenwart als „multinuklear".

---

[15]) Soweit wir es beurteilen können, ging *Bobek* seinen Weg damals trotz Kenntnis der Chicagoer Schule (vgl. Mitt. Geogr. Ges. Wien 1930) zunächst ohne näheren Kontakt mit der Sozialökologie. Wahrscheinlich wurde dadurch die Klärung der typisch geographischen Fragestellung bezüglich Gesellschaft im Raum eher gefördert. — Andrerseits ist in einem Sammelwerk, welches sich ausdrücklich um Zusammenführung von Soziologie und Geographie bemüht, wie Theodorsons Reader (S. VI, S 443 ff.), Bobeks Lebenswerk nicht einmal im Literaturverzeichnis erwähnt.

[16]) Z. B. die Heranziehung typisch städtischer Berufe, welche auf dem „inneren Verkehr" beruhen, als Maß der Reichweite städtischen Einflusses (S. 269) oder die Erfassung der räumlichen Verteilung der politischen Wählerschaft (S. 346 f.).

Zwei Jahre später[17]) zeigte H. *Hoyt* an der Ausbildung der Wohnviertel mehrerer amerikanischer Städte den Trend zum Städtewachstum nach *Sektoren* auf (45). Besonders wies er auf folgendes hin: 1. Industrien breiten sich nicht ringförmig, sondern in Linien aus, entlang der Eisenbahnen oder der Küste (womit er mit Davie übereinstimmt). 2. Wohnviertel der Oberklasse treten nicht allein am Stadtrand auf, sondern in verschiedenen Stadtteilen, sektorenhaft begrenzt. 3. Beim Wachsen der Stadt ziehen die Wohlhabenden in ihrem Sektor zur Peripherie (hier mit Burgess einer Meinung), die alten Wohnungen niederen Klassen überlassend, oder sie besetzen ausgewählte Landschaftspunkte, wie Hügel oder Meeresküsten. — Schließlich wurde u. a. von W. *Firey* (46) darauf hingewiesen, daß symbolische Prestigewerte für die Erhaltung ökologischer Einheiten viel wichtiger sein können als wirtschaftliche Faktoren, worauf noch weiter unten eingegangen wird.

Inzwischen war Milla *Alihans* kritisches Buch (1) erschienen, welches die biologische Basistheorie der Ökologen gründlich zerstörte. Besonders das Irreale einer Trennung in eine biologische und kulturelle Ebene des Gesellschaftsprozesses wird herausgestellt. W. A. *Gettys* und A. B. *Hollingshead* (47, 48) schlugen in dieselbe Kerbe. Die biologische Analogie, so können wir zusammenfassen, mag als Denkmodell anregend gewesen sein; als Basis einer Theorie von der Gesetzlichkeit der Raumbezüge der menschlichen Gesellschaft kommt sie nicht in Frage, überhaupt wenn der analoge Charakter, nämlich der Vergleich völlig verschiedener Sphären, vergessen wird und aus dem bloßen Hilfsbild direkte Ableitungen versucht werden. Denn, jedes menschliche Verhalten, auch auf der primitivsten Stufe, ist geistig zumindest mitbestimmt und nicht rein „biotisch"; eine tatsächlich subsoziale, nichtkulturelle Schicht menschlicher Aktivität läßt sich praktisch nicht isolieren. Zudem wurden wir uns mehr und mehr bewußt, wie wenig determinierend die räumlichen Umwelteinflüsse auf die menschliche Gesellschaft sind. Sie können höchstens als Chance oder Potenz charakterisiert werden[18]), welche aber der in Gruppen handelnde Mensch sehr verschiedenartig zu aktualisieren in der Lage ist. Mit fortschreitender Technisierung geht das so weit, „daß überall alles möglich wird". — Dennoch werden wir uns bewußt bleiben, daß in praxi die je nach Zeit und Gesellschaftsform unterschiedlich zu beurteilenden Raumeigenschaften eine nicht zu unterschätzende Rolle spielen, vielfach aus wirtschaftlichen Gründen, aber auch durch Traditionen, Strategie und andere Ursachen bestimmt oder auch bloß durch die menschliche Tendenz zur Beharrung bzw. dem geringsten Widerstand zu folgen.

Auch die Kritik der mathematischen Statistik, besonders an Detailfragen, ließ nicht auf sich warten. Ziemlich sorglos hatte man u. a. aus dem Zusammentreffen von Prozentwerten in einem Gebiet auch auf individuelle Eigenheiten der Bevölkerung geschlossen. Wenn z. B. für ein Gebiet ein hoher Prozentsatz an Negern gefunden wurde und gleichzeitig eine hohe Rate von Analphabetismus, so schien es, als ob unter den Negern eine stärkere Verbreitung der Analphabethen sei als unter den Weißen. Gerade an diesem Beispiel zeigte W. S. *Robinson* (49), daß dies ein ungültiges Verfahren sei. Ökologische Korrelationen können nicht für individuelle Korrelationen unterstellt werden. Später wurden allerdings auch spezielle Annäherungs-

---

[17]) Damit soll auch ein Schreibfehler in meinem Artikel „Innsbruck" in den Mitt. d. Öst. Ggr. Ges. 1959/III, Abb. 6 verbessert werden. Richtig: Hoyt 1939.
[18]) Worauf schon Paul Vidal de la Blaches „geographischer Possibilismus" hinzielte.

methoden für den approximativen Vergleich an sich verschiedener mathematischer Korrelationen entwickelt (50).

Auch das natural-area-Konzept kam unter Beschuß. Nachdem schon Alihan auf die Dichotomie von ungeplanten und planmäßigen Verhaltensweisen bei der von den Klassikern als allein natürlich angesehenen Area-Bildung hingewiesen hatte, feuerte P. *Hatt* eine weitere Breitseite dagegen ab (51). In dem kleinen Artikel, der Gegenbeispiele aus Seattle bringt, wurde der schwerwiegende Vorwurf erhoben, man habe bloß Einheiten wiedergefunden, die schon im eigenen Konzept grundgelegt waren. Anstatt dieser fixen Vorstellungen möge man einmal für jede spezifische Untersuchung erst eigene Kriterien entwickeln, die dem Gegenstand angepaßt sind.

Eine keineswegs als Kritik angelegte französische Monographie — die wegen ihrer eindeutigen Ergebnisse herausgegriffen werden soll — zeigte implizite ebenfalls die Brüchigkeit naiven natural-area-Suchens (52). In einem Elendsviertel von Rouen war von „natürlichen" Interaktionen einer „homogenen" Bevölkerung wenig zu merken. Einerseits zerfiel das sonst scharf begrenzte Gebiet in etliche sehr kleine Nachbarschaften, andrerseits wurde etwa zwischen Dockern und kleinen Angestellten sehr bewußt Distanz gehalten. Auch *Chombart de Lauwe* weist in seiner Paris-Studie auf kleinste Zellen, wie Nachbarschaften und Kleinquartiere hin, in denen es erst zu engeren sozialen Kontakten kommt; dabei geht er auch den Unterschieden zwischen Nachbarschaft und Quartier nach, dessen Erörterung aber hier zu weit führen würde (53).

René *König* weist auf einen weiteren Punkt hin. Statistisch erfaßte Homogenitäten bestimmter Züge der Bevölkerung fallen regelmäßig dahin, sobald man an eine Mikroanalyse, Block für Block oder Haus für Haus[19]) geht (56). Er folgert daraus, „daß die Charakteristika, die für die meisten Quartiere aufgestellt werden können, ausschließlich statistische Begriffe sind, die man deutlich von sozialen Sachzusammenhängen unterscheiden muß" (57). *Soziologisch relevante Einheiten werden daher notwendigerweise viel kleiner sein als Quartiere oder natural areas.* Im übrigen handle es sich — in Königs Formulierung — „so gut wie nie um genau umschreibbare Teilkörper der Gemeinde" (58), sondern die Grenzen sind, mit wenigen Ausnahmen, recht fließend und einander überlappend. Zwar gibt es in der Tat natural areas in einem gewissen Ausmaß, wie Hatt, König und andere Kritiker ohne weiteres zugeben, jedoch sollte dieser Begriff nur mit größter Vorsicht benutzt werden, überhaupt hinsichtlich „zwingender" und „natürlicher" Gesetzlichkeiten. Im übrigen scheint uns die theoretische Fundierung trotz der reichlichen Literatur zum Thema noch ziemlich unklar; das gilt auch für die etwas prekäre Annahme, bauliche und soziale Einheit stimme (wenn auch mitunter in historischer Phasenverschiebung) überein.

Alle diese Kritik überlebend, stieg die Sozialökologie wieder auf, wie der Phönix aus der Asche. Im letzten Jahrzehnt beobachten wir deutlich einen neuerlichen Aufschwung derartiger Forschung. Aber Begriffssystem und Methodik sind revidiert und verfeinert, und im theoretischen Ansatz wurde man vorsichtiger. Die amerikani-

---

[19]) Auch Geographen wandten sich aus der gleichen Erkenntnis der mühsamen aber fruchtvollen Detailanalyse Haus für Haus zu; vgl. E. Lichtenberger (54).
Noch früher (1952/1953) hatte der Autor in drei unveröffentlichten Studien die Sukzession des Grundbesitzes in einem Wiener Außenbezirk durch ein Jahrhundert Parzelle für Parzelle und die Invasion zuwandernder Bevölkerung nach den einzelnen Eheschließungen verfolgt (55).

sche Sozialökologie der rezenten Periode hat G. A. *Theodorson* — weitherzig auch
Teile der allgemeinen Stadtsoziologie wie der Sozialgeographie miteinbeziehend,
soweit sie ökologische Themen aufgreifen — in drei Richtungen eingeteilt (59): die
„*neo-orthodoxe*", die „*social area*" —, und die „*sociocultural*"-Richtung. Wir wollen
seiner einsichtigen Gliederung folgen.

I. Die neo-orthodoxe Richtung der Sozialökologie

Führend in der *neo-orthodoxen* Richtung sind noch immer James A. *Quinn* (vgl. u. a.
60) und Amos H. *Hawley* (8, 61). Beide verwerfen die klassische scharfe Trennung
der Gesellschaft in biologische und kulturelle Sphäre. *Quinn* allerdings erhält eine
Unterscheidung zwischen sozialer und subsozialer Ebene in milderer Form aufrecht.
Letztere umfasse nach ihm die Nutzbarmachung begrenzter Hilfsquellen und des
begrenzten Raumes; gerade diese Phänomene seien aber Gegenstand der Sozialökologie. Beide wiederum wollen ihre Wissenschaft nicht auf räumliche Verteilung
an sich gerichtet sehen, sondern nur so weit sie die Muster der Gemeindestruktur
wiederspiegeln. Während Hawley alles menschliche Verhalten grundsätzlich als
sozial und kulturell ansieht, bezieht er auch mehr wirtschaftliche Faktoren in seine
Studien ein, da sie ihm Indize für soziale Phänomene darstellen. Ein Beispiel dafür
ist seine Untersuchung über Dienstleistungsgewerbe (worunter er auch den Klein-
handel versteht) in den amerikanischen Städten verschiedener Größe, wobei er die
Abhängigkeit der Geschäftsstruktur von der jeweils unterschiedlichen Zusammensetzung der Bevölkerung nach Alter, Geschlecht, Schichtung usw. erkennt (62). Eine
zu letzterer analoge Studie wurde übrigens auch von geographischer Seite für
Schottland durchgeführt (63).

Nicht zu übersehender jüngerer Repräsentant dieser Richtung, der an der Universität
von Chicago eine alte Tradition fortzuentwickeln versucht, ist Otis Dudley *Duncan*.
Er legte bisher sowohl kritisch-methodische Arbeiten (vgl. 50), als auch mehrere
bedeutende Feldstudien vor. Ausdrücklich auf der alten These Robert *Parks* („soziale
Verhältnisse sind vielfach und unvermeidlich mit räumlichen Beziehungen wechsel-
seitig verbunden") aufbauend, aber in kritischerer Methodik, hat er berufliche (64),
ethnische (65) und religiöse (66) Differenzierungen im Raumbild der Stadt untersucht.

II. Die „social area"-Richtung

Social area-Analysen[20]) sind von Eshref *Shevky* ausgegangen und zuerst an der
Westküste der USA durchexerziert worden (67, 68, 69). Im Gegensatz zu den auf
die Gemeinde als Sozialgebilde sui generis fixierten Forschern, baut er seine Theorie
von vornherein in das *Gesamtbild* von der modernen Gesellschaft ein. Er untersucht
die urbanen Aggregationen nicht als isolierte, aus sich bestimmte Einheiten, sondern
als Teile des weiteren Beziehungssystems; von dorther entlehnt er Kategorien und
Begriffe für die Detailanalyse[21]). Durch drei Variable, nämlich „*social rank*" (oder
auch als ökonomischer Status bezeichnet), „*urbanisation*" (oder familiärer status)
und „*segregation*" (oder ethnischer status) sieht er die moderne Gesellschaft am
besten charakterisiert. Diese Variablen bestimmt er zahlenmäßig durch *Indexkon-
struktionen* aus den Daten des reichhaltig aufbereiteten US-Census, die er für die

---

[20]) *Hawleys* Artikel in Königs Handbuch (a. a. O.) unterschlägt uns diese nicht mehr ganz neue
aber methodisch recht anregende Richtung.
[21]) Dieser Blickwinkel, von den gesamtgesellschaftlichen Strukturen her, erinnert an Conrad Arens-
bergs Konzept, die Gemeinde als „Paradigma" einer bestimmten Gesellschaft zu sehen (70).

Volkszählungssprengel (census tracts) einzeln errechnet. Sprengel mit ähnlichen Indexwerten gruppiert er zu größeren Einheiten, die er „social areas" nennt (unter Umständen auch nur ein einziger Sprengel). Damit wird auch das Feld der Gemeinde überschritten, zur Erforschung größerer Räume. Ohne großartige Unterschiebung von Symbiosen oder Gemeindegefühlen, wie das früher geschah, wird der deskriptive Charakter dieser aus den Kennzahlen typisierten Zonen betont.

Der Wert dieser Methode scheint in folgendem zu liegen: 1. Kann man städtische, aber auch ländliche Bezirke für das Datum einer bestimmten Volkszählung vergleichen[22]), um eine Reihe von Fragen zu klären (Unterschiede in der sozial-stratigraphischen Gliederung verschiedener Städte und Gebiete, Verbreitung von Negern oder Einwanderern in Zonen überwiegend höherer bzw. tieferer sozialer Schichten, Typologien usw.). 2. lassen sich paneel-artige[23]) Untersuchungen im gleichen Gebiet an Hand zeitlich verschiedener Volkszählungen machen. Im Ablauf des sozialen Wandels also, worin sich wieder größere nationale wie internationale Entwicklungen am Kleinraum ablesen lassen. 3. Können die social-areas, als ein verhältnismäßig rasch und eindeutig darstellbares Rahmenwerk, die Basis für tiefergehende andere Forschungsansätze bieten. (Wenn z. B. Nachbarschaftsbeziehungen, Gruppenwerte oder dgl. untersucht werden sollen, kann zuerst die social area-Gliederung festgestellt werden, um daraus typische areas für eine Stichprobe zu wählen. Die Bevölkerung verschiedener social areas läßt sich damit als Auswahl-, Vergleichs- oder Kontrastgruppe verwenden.)

III. Die „Socio-cultural"-Richtung

Die „socio-cultural"-Ökologen schließlich halten kulturelle Faktoren zur Erklärung gesellschaftlicher Raumbezüge für erstrangig. Unter ihnen ist auf den schon genannten Walter *Firey* als einen Exponenten hinzuweisen (46). Er betont, daß der Raum Symbolwert haben kann, womit die wirtschaftliche Kostenfrage nicht mehr allein entscheidend ist. In einer Studie über zwei Viertel Bostons weist er nach, wie bestimmte Einrichtungen, z. B. Waldfriedhöfe, ein traditionell geheiligter Gemeindeanger (Common), alte Kirchen und Klubhäuser den Wert einer Gegend bestimmen können. Diese, nämlich mitten im zentralen Geschäftsviertel liegend, sind wahre Zeichen ökonomischer Disfunktion. Ihre Erhaltung gegenüber dem Drang wirtschaftlichen Bedarfes und der hohe Wohnwert in der Umgebung dieser „Raum-Fetische" können allein durch *symbolische Werte* erklärt werden.

Aus zahlreichen anderen Studien dieser Richtung möge zur Verdeutlichung noch eine hervorgehoben werden, die schon früher ebenfalls eindeutig das Vorherrschen kultureller Faktoren in ökologischen Bezügen aufzeigt. Albert L. *Seeman*, ein Geograph, der sich weder dieser Richtung zugehörig fühlt, noch deren spezielle Probleme diskutiert, weist uns doch in seiner Studie über Mormonengemeinden Utahs auf die

---

[22]) Die bei uns gemachten Typologisierungsversuche sind dem an sich nicht so unähnlich. Abgesehen von der Mangelhaftigkeit des statistischen Grundlagenmaterials, ziehen sie aber kaum Strukturmerkmale der Gesellschaft, sondern überwiegend ökonomische, geographische und eventuell bloß randliche Fakten der Gesellschaft als solcher zur Typisierung heran.

[23]) Mit dem anglisierten Ausdruck „panel" werden Untersuchungen bezeichnet, die an der gleichen Gruppe zu verschiedenen Zeitpunkten vorgenommen werden, um die Abläufe zu erkennen. Da das Wort aber aus dem Mittellateinischen bzw. in der Umgangssprache aus dem Flämisch-Niederländischen über den Umweg des Französischen kommt, wird von uns diese Schreibweise und die bekannte Aussprache bevorzugt.

sozialkulturelle Variable in der ökologischen Analyse hin (71). Er zeigt die wichtige Rolle religiöser Werte bei der Ausbildung der Form der Mormonen-Siedlungsgemeinden auf. Sie tendieren zu kernförmigen ländlichen Siedlungen, im Gegensatz zum typischen amerikanischen Muster der verstreuten Anwesen. Mehr noch, die physische Form der Gemeinden, Städte eingeschlossen, wurde in Übereinstimmung mit den religiösen Wertvorstellungen von den Mormonen bewußt so geplant.

Die Aufspaltung der amerikanischen Sozialökologie in Richtungen darf man nicht als konkurrenzierende Tendenz ansehen, wo einer den anderen zu widerlegen versucht. Es ist vielmehr ein Ausdruck des hohen Entwicklungsstandes, wobei mehr die Übereinstimmungen als die Gegensätze Betonung finden. Wie sieht es demgegenüber in der europäischen, insbesonders in der deutschsprachigen Literatur der Gegenwart aus? Unverkennbar ist auch hier eine Ausweitung der sozialökologischen Fragestellungen, teils unter der Fahne Ökologie, teils unter anderen Namen.

IV. Europäische Sozialökologie der Gegenwart.

Eine der ersten Studien der Nachkriegszeit, welche auch eine ökologische Gliederung der sonst in anderer Hinsicht untersuchten Stadt bringt, war die über *Auxerre,* einem Städtchen südöstlich von Paris (72). In einer Menge holländischer, belgischer und französischer Publikationen tauchte inzwischen Begriff und Arbeitsweise der Sozialökologie auf. Ganz wahllos sei nur auf holländische Gemeindesoziographien (73), die französische géographie électorale und sociologie religieuse (74, 75) und auf belgische Großstadt- und Regionaluntersuchungen (76) hingewiesen, die dafür irgendwie typisch sind.

Die deutschsprachige Sozialforschung blieb zwar etwas zurückhaltender, besonders hinsichtlich der Verwendung des Begriffes Ökologie (den man hierzulande noch immer mehr den Biologen überläßt), doch gibt es beispielhafte Ansätze, etwa aus dem Schülerkreis R. *Königs* (77), von der *Dortmunder Sozialforschungsstelle* in der Abteilung *Ipsens* oder anderen (78, 79). Der Umfang einschlägiger Arbeiten erweitert sich, wenn man an die in Arbeiten der Geographie und Raumforschung enthaltenen ökologischen Aspekte denkt. Studien über Einflußbereiche von Städten und zentralen Orten (80), „funktionelle" Gliederungen von Großstädten (81), Gemeindetypologien (82, 83) könnte man, je nach dem theoretischen Standpunkt den man einnimmt, mehr oder weniger zur Sozialökologie rechnen. Auch der Autor dieses Artikels versuchte in mehreren Arbeiten (u. a. 84, 85, 86) zumindest teilweise und soweit es die verfügbaren Hilfsmittel erlaubten, sozialökologische Aspekte miteinzubeziehen. Enger begrenzt, dafür methodisch exakt angelegt, ist eine Studie L. *Rosenmayrs* (87), in der ausgewählte ökologische Einheiten als Basis einer stadtsoziologischen Untersuchung verwendet werden. — Ein näheres Eingehen auf die bekannte rezente deutsche Literatur dürfte sich erübrigen.

E. GESELLSCHAFT IM RAUM ALS FORSCHUNGSPROBLEM

Rekapitulieren wir. Über das Bestehen vielfacher Wechselbeziehungen zwischen menschlicher Gesellschaft und Raum war man sich spätestens seit der zweiten Hälfte des vorigen Jahrhunderts im klaren. Thünens Denkmodell über die Abnahme der Lagerente in konzentrischen Kreisen war damals der erste Ausdruck dafür in den Wirtschaftswissenschaften (88); er wirkt bis heute nach. Geographie und Sozialwissenschaften spürten dem Problem nicht minder nach, bis aus den verschiedenen Wurzeln für die Gesellschafts-Raum-Beziehungen die eigene Disziplin der *Sozial-*

ökologie entstand. Ihre einzelnen Stufen der Entwicklung und Problemstellung wurden oben aufgezeigt. *Die Sozialökologie hatte und hat aber kein Monopol in der Behandlung der Frage.*

Gesellschaft im Raum als Forschungsproblem liegt vielmehr u. E. an den Nahtlinien verschiedener Wissenschaften und kann in seiner Totalität von keiner Einzeldisziplin vollständig erfaßt werden. Die Soziologie, zu der wir die Sozialökologie in der skizzierten Form wegen des vorwiegenden Interesses an gesellschaftlichen Strukturen und Prozessen rechnen müssen, ist am Studium dieses Problemkreises ebenso engagiert wie die Geographie, welche einerseits das räumliche Substrat untersucht, andrerseits die Formung der Naturräume durch die menschlichen Gruppen, d. h. die Kulturlandschaft. Starke Bezüge bestehen auch zu den angewandten Wissenschaften, wie Raumforschung und als Kunstlehre Raumplanung sowie zu den Wirtschaftsfächern, die ebenfalls den Raum als Faktor in zunehmendem Maße betonen. Wir werden deshalb die Zusammenarbeit verschiedener Wissenschaften zur adäquaten Erfassung des komplexen Objektes dringend benötigen.

Wenn wir uns für die Zukunft fragen, welche Wissenschaften und wie weit sie zusammenzuarbeiten haben, sollte die Diskussion zwar auf eine saubere methodische Trennung hinzielen, fruchtloses Prinzipienreiten jedoch möglichst vermeiden. Wissenschaft ist ein Kontinuum, wie die Wirklichkeit, die es zu erforschen gilt, so wird es auch immer Überschneidungen von Interessen geben; es kommt aber für die Aufgliederung nur auf die dominanten Fragestellungen an. Wenn E. *Durkheim* schon vor siebzig Jahren als Wesensmerkmal unserer modernen Gesellschaft die Arbeitsteilung ansah (89), so könnten wir auch für „synthetische" Wissenschaften, wie es die hier betroffenen zum großen Teil sind, diesen praktischen Gesichtspunkt endlich zur Kenntnis nehmen. Bewußt wird diese Vorüberlegung hier betont, weil nicht nur theoretisch die Gefahr besteht, daß „alle alles machen wollen". Notwendigerweise leidet aber bei einem zu starken Übergreifen einer Disziplin auf andere die Qualität der Arbeiten (und nicht zuletzt leiden darunter überlastete Studenten).

Nach solchen Ausführungen wird die Meinung des Referenten, die Gesellschaftsphänomene im Raum müßten von mehreren Wissenschaften[24] und bei Einzelstudien von einem interdisziplinär zusammengesetzten Team untersucht werden, nicht weiter überraschen. Wegen der Vorrangstellung von Soziologie und Geographie aber, die noch dazu eines engeren Kontaktes als bisher bedürften, sei abschließend noch auf die spezifische Themenstellung dieser beiden näher eingegangen:

Die *Geographie* im ganzen beschäftigt sich mit Beschreibung und Erklärung der Erscheinungen der Erdoberfläche bzw. einzelner Ausschnitte davon, wobei heute im Forschungsgang von den Elementarteilen oder Geofaktoren ausgehend zu den höher integrierten Komplexen, zu Landschaften und Ländern fortgeschritten wird (90). Als besonderen Zweig fundierte theoretisch *Bobek* die *Sozialgeographie*, welche über die bloß quantitativen Aspekte der Verteilung und Bewegung der Bevölkerung hinaus, die Auseinandersetzung menschlicher Gruppen spezifischen Verhaltens mit dem gegebenen Raum zu erfassen versucht (91). Bobeks neue Betrachtungsweise hat sich zwar noch keineswegs durchgesetzt[25], scheint uns aber die beste Möglichkeit für eine

---

[24] D. h. von allen, die sich zuständig fühlen und dazu einen reelen Beitrag leisten können.

[25] Vgl. Einwände *Otrembas* am Geographentag 1961, a. a. O., S. 166 ff. und die Replik Bobeks (Kann die Sozialgeographie in der Wirtschaftsgeographie aufgehen? In: Z. Erdkunde, Bd. XVI, Lfg. 2, Bonn 1962, S. 119—126).

34

Fortentwicklung der methodisch festgefahrenen Anthropogeographie zu sein. Zudem aber, und das ist hier wichtiger, paßt sie wie die Mutter auf die Schraube zu den soziologischen Bestrebungen an unserem Problem. (Zur eingehenderen Information darüber sei auf die zitierten Abhandlungen verwiesen.)

König umreißt ganz allgemein die Aufgaben der Soziologie folgendermaßen (92): „die wissenschaftlich-systematische Behandlung der allgemeinen Ordnungen des Gesellschaftslebens, ihrer Bewegungs- und Entwicklungsgesetze, ihrer Beziehungen zur natürlichen Umwelt, zur Kultur im allgemeinen und zu den Einzelgebieten des Lebens und schließlich zur sozial-kulturellen Person des Menschen". Und *Specht* definiert die Teildisziplin so: „Sozialökologie ist die Erforschung aller Erscheinungen des menschlichen Lebens in ihren räumlichen Bezogenheiten und Bedingtheiten. Hiermit wird aber mehr erfaßt als nur die Einwirkung des geographischen Raumes auf das Sozialleben der Menschen; hier werden ebenso untersucht die Auswirkungen bestimmter sozialer Verhaltensweisen, kultureller, ethnischer, religiöser, ständischer, beruflicher, sprachlicher und anderer Qualitäten der Menschen und menschlicher Gruppen auf das räumliche Leben — die räumliche Verteilung — der Menschen und ihrer Gesellschaftsgebilde" (93).

Wenn wir Spechts Definition in unserem Sinne einschränken auf die „Qualitäten menschlicher Gruppen in ihrer Raumbezogenheit", ergeben sich daraus nicht Sozialgeographie und Sozialökologie als komplementär? Um ein früheres Bild *Bobeks* (94) zu gebrauchen, daß die sozialen Gruppen wie Prägestöcke auf die Naturlandschaft gepreßt die Kulturlandschaft schaffen, kann man daher formulieren: *die Soziologie studiert den Prägestock, die Geographie die Prägung.* Damit ist auch eine klare Arbeitsteilung ausgedrückt; trivial gesagt, brauchen Geographen keine Stichproben-Enquêten unternehmen um sich über Sozialstruktur und Funktionen bestimmter Gruppen zu informieren, denn sie können die Auskunft von den Soziologen erhalten und umgekehrt bräuchten die Soziologen keine Landkarten zu entwerfen, denn diese können sie besser von Geographen geliefert bekommen.

Doch soweit ist es noch nicht. Was in der Theorie nun immerhin klarer wird, ohne noch endgültig ausgereift zu sein, bedarf in praxi noch vieler Arbeit. Bleiben wir bei der Soziologie. Es liegen zwar 1. zahlreiche Einzeluntersuchungen in zunehmender Exaktheit vor, (s. Literaturangaben), aber es sind 2. erst Ansätze im Erkennen der Gesetzlichkeiten vorhanden. Wegen der Prozeßartigkeit der gesellschaftlichen Realität liegen hier auch besondere Schwierigkeiten vor und der Sozialforscher kann sich nicht außerhalb der Abläufe stellen, zwecks besserer Beobachtungsmöglichkeit. Deshalb ist man in der Gegenwartssoziologie gegenüber den früheren Gesetzes- und Systembildnern äußerst vorsichtig geworden und begnügt sich mit „Theorien mittlerer Reichweite" (theories of the middle range) (95), die man zu verifizieren oder falsifizieren versucht. Ein weiterer Schritt, der 3. zu einer Typenlehre von Gesellschaften und Gruppen in ihrer räumlichen Lagerung führen müßte, ist kaum noch ins Auge gefaßt. — Demzufolge werden sich die Geographen auch noch ein wenig gedulden müssen, wenngleich schon jetzt Teilergebnisse und Anregungen genug zu offerieren sind. Umgekehrt ist auch die Geographie noch weit davon entfernt eine Landschaftstypologie anbieten zu können, auf welche alsogleich soziale Phänomene applizierbar sind.

Auf der einen Seite bleibt also zu erforschen, wie Erdräume, Länder, Städte und Siedlungsteile von den in Gruppen handelnden Menschen geformt wurden, wie sie geformt werden und wie sie auf Grund erstellbarer Prognosen noch geformt werden könnten. Auf der anderen Seite sind die Strukturen und Funktionen der kleinen Gruppen, der Gemeinden, der Gesellschaften und der Weltbevölkerung in ihren Abläufen zu studieren, ebenfalls vorwiegend gegenwartsbezogen, aber auch historisch und vorausschauend. Beides im raumzeitlichen Wandel. So bleibt ein weites Aufgabenfeld für gemeinsames Bemühen offen, im Aufbau von Theorien ebenso wie in der praktischen Feldforschung.

LITERATURHINWEISE:

(1) Milla A. Alihan, Social Ecology. A Critical Analysis. New York 1938, S XI.
(2) E. Haeckel, Generelle Morphologie der Organismen, Berlin 1866, II. Bd., S. 286
(3) W. P. Taylor, What is Ecology and what good is it? in Z. Ecology vol. XVII, 1936, S. 335
(4) J. W. Bews, Human Ecology, London 1935, S. 1.
(5) Amos H. Hawley, Human Ecology: A Theorie of Community structure, New York 1950, S. 3
(6) Willy Hellpach, Geopsyche, Stuttgart 1950 (Neuauflage)
(7) L. H. Adolph Geck, Über das Eindringen des Wortes sozial in die deutsche Sprache, Göttingen 1963
(8) Amos H. Hawley, Theorie und Forschung in der Sozialökologie. In: Handbuch der empirischen Sozialforschung, hg. von R. König, 1. Bd., Stuttgart 1962, S. 480—497

(9) Robert E. Park und
Ernest W. Burgess, An Introduction to the Science of Sociology, Chicago 1921

(10) R. E. Park, E. W. Burgess und R. D. McKenzie, The City, Chicago 1925

(11) Hawley im Hb. d. empir. Sozialforschung a. a. O., S. 480

(12) Robert E. Park, Human Ecology. In: The American Journal of Sociology, XLII, Juli 1936, S. 1—15. (Wiederabdruck bei Theodorson, S. 22—29).

(13) Hawley in Hb. empir. Sozialforschung, S. 488

(14) Roderick D. McKenzie, The Concept of Dominance and World Organisation, in: American Journal of Sociology, 33, Juli 1927 (zitiert nach Hawley a. a. O.) Vgl. auch ds., The Metropolitan Community, New York 1933.

(15) Ds. Ecological Succession in the Puget Sound Region, Publications of the American Sociological Society, XXIII, Oktober 1929, S. 60—80 (angeführt bei Theodorson S. 125)

(16) E. W. Burgess, The Growth of the City: An Introduction to a Research Project. Im Sammelband The City (s. o.!) S. 47

(17) Ds., a. a. S. 51 f. „This chart represents an ideal construction" und „. . . neither Chicago or any other city fits perfectly into this ideal scheme".

(18) Harvey W. Zorbaugh, The Natural Areas of the City. Publications of the American Sociological Society XX (1926), S. 188—197. (Wiederabdruck in Theodorson)

(19) Ds., a. a. O. (zitiert nach Theodorson, S. 47)

(20) Vgl. Ds., The Gold Coast and the Slum, a Sociological Study of Chicago's Near North Side. Chicago 1929

(21) Ds., in The Natural Areas of the City (Wiederabdruck bei Theodorson S. 49).

(21a) Clearence Arthur Perry, The Neighborhood Unit, in: Regional Survey of New York and its Environs, Vol. VII, New York 1929

(22) Nels Anderson, Hobohemia, the Home of the Homeless Man. In: The Hobo, Chicago 1923, S. 3—57.

(23) James H. S. Bossard und Thelma Dillon, The Spatial Distribution of Divorced Women: A Philadelphia Study. In: The American Journal of Sociology XL, Jänner 1935, 503—507

(24) H. W. Dunham, The Ecology of the Functional Psychoses in Chicago, Americ. Sociological Review, II, August 1937, S. 467—479.

(25) C. R. Shaw, Delinquency Areas (in Chicago), Chicago 1929

(26) Walter C. Reckless, The Distribution of Commercialized Vice in the City: A Sociological Analysis. Publications of the American Soc. Society XX (1926), S. 164—176. (Wiederabdruck bei Theodorson)

(27) Harland Bartholomew, Urban Land Uses. Cambridge Mass. 1932

(28) Homer Hoyt, One Hundred Years of Land Values in Chicago. Chicago 1933

(29) A. B. Hollingshead, Changes in Land Ownership as an Index of Sucession in Rural Communities. Americ. Journal of Soc. XLIII, März 1938

(30) Raymond V. Bowers, Ecological Patterning of Rochester, New York. Americ. Soc. Rev. IV, April 1939, S. 180—189
Howard W. Green, Cultural Areas in the City of Cleveland (einschließlich 3 Vorstädte) The Americ. Journal of Soc. XXXVIII, November 1932, S. 356—367

(31) William T. Chambers, The Gulf Port City Region of Texas. In: Economic Geography VII, Jänner 1931, S. 69—83

(32) Preston E. James, Vicksburg: A Study in Urban Geography. Geogr. Review XXI, April 1931, S. 234—243
Robert E. Dickinson, The Metropolitan Regions of the United States. Geogr. Rev. XXIV, April 1934, S. 278—291 (Beide als Wiederabdruck in Theodorson a. a. O.)

(33) Asael T. Hansen, The Ecology of a Latin American City. In: Race and Culture Contacts, hgg. von E. B. Reuter, New York 1934, S. 124—142

(34) Erdman D. Beynon, Budapest: An Ecological Study. Geogr. Rev. XXXIII, April 1943, S. 256—275 (Wiederabdruck bei Theodorson)
Fred Ch. Iklé, The Effect of War Destruction upon the Ecology of Cities. Social Forces XXIX, Mai 1951, S. 383—391

(35) Radhakamal Mukerjee, Ways of Dwelling in the Communities of India. In Z. Asia XL. 1940 (Wiederabdruck bei Theodorson)

(36) Egon E. Bergel, Urban Sociology, New York 1955

(37) Th. Petermann (Hrsg.), Die Großstadt. Vorträge und Aufsätze zur Städteausstellung. Jahrbuch der Gehe-Stiftung 9. Dresden 1903

(38) S. R. Steinmetz, Die Stellung der Soziographie in der Reihe der Sozialwissenschaften. In: Archiv. f. Rechts- und Wirtschaftsphilosophie VI, 1913. Neu veröffentlicht in: S. R. Steinmetz, Gesammelte kleinere Schriften zur Ethnologie und Soziologie, Bd. III, Leiden 1935

(39) Maurice Halbwachs, Chicago, expérience ethnique. In: Annales d'histoire économique et sociale, 1932 (Jänner-Februar)

(40) Ds., Groß-Berlin: Grande agglomération ou grande ville. In: Annales d'histoire éc. et soc. 1943, S. 547—570

(41) Hans Bobek, Grundfragen der Stadtgeographie, Geogr. Anzeiger, Bd. 28, 1927

(42) Ds., Innsbruck. Eine Gebirgsstadt, ihr Lebensraum und ihre Erscheinungen. Bd. 25, Heft 3 der Forschungen zur deutschen Landes- und Volkskunde, Stuttgart 1928

(43) W. Christaller, Die zentralen Orte Süddeutschlands. Jena 1933

(44) Maurice R. Davie, The Pattern of Urban Growth. In: Studies in the Science of Society, hg. von G. P. Murdock, New Haven 1937, S. 131—161 (Wiederabdruck bei Theodorson)

(45) Homer Hoyt, The Structure and Growth of Residential Neighborhoods in American Cities. Washington D. C. 1939

(46) Walter Firey, Land Use in Boston. Cambridge Mass. 1946, Schon vorher: Sentiment and Symbolism as Ecological Variables, in Amer. Soc. Rev. X, April 1945

(47) Warner E. Gettys, Human Ecology and Social Theorie. In: Social Forces XVIII, Mai 1940, S. 469—476 (Wiederabdruck bei Theodorson)

(48) A. B. Hollingshead, A Re-examination of Ecological Theory. In: Sociology and Social Research XXXI, Jänner-Februar 1947, S. 194—204 (Wiederabdruck bei Theodorson)

(49) W. S. Robinson, Ecological Correlations and the Behavior of Individuals. In: Amer. Soc. Rev. XV, Juni 1950, S. 351—357 (Wiederabdruck bei Theodorson)

(50) Otis D. Duncan und Beverly Duncan, An Alternative to Ecological Correlation. In Amer. Soc. Rev. XVIII, Dezember 1953, S. 665—666
Leo A. Goodman, Some Alternatives to Ecological Correlation: The Amer. Journal of Soc. LXIV, Mai 1959, S. 610—625

(51) Paul Hatt. The Concept of Natural Area. Amer. Soc. Rev. XI, August 1946, S. 423—427 (Wiederabdruck bei Theodorson)

(52) Michel Quoist, La ville et l'homme (Rouen) Paris 1952

(53) P. H. Chombart de Lauwe, Paris et l'agglomération parisienne. 2 Bde., Paris 1952 (S. 34)

(54) Elisabeth Lichtenberger, Der Strukturwandel der sozialwirtschaftlichen Siedlungstypen in Mittelkärnten. In: Geogr. Jahresber. aus Österr. Bd. XXVII, 1957/58, S. 61—128

(55) Erich Bodzenta
   a) Meidling. Sein Wandel vom Dorf zum Großstadtbezirk, 244 S, 3 Karten, Phil. Diss. Wien 1952
   b) Meidlings Siedlungsgeograph. Entwicklung im 19. Jh., 86 S. 12 Karten. Wien 1952
   c) Die Bevölkerung von Meidling 1784—1848 nach den Trauungsmatriken. 120 S. Wien 1953.

(56) René König, Grundformen der Gesellschaft: Die Gemeinde, Hamburg 1958

(57) Ds. a. a. O. S. 58

(58) Ds. a. a. O. S. 59

(59) Theodorson a. a. O. S. 129 ff.

(60) James A. Quinn, Human Ecology, New York 1950

(61) Amos H. Hawley, Human Ecology, New York 1950

(62) Ds., An Ecological Study of Urban Service Institutions. Americ. Soc. Rev. VI, Oktober 1941, S. 629—639 (Wiederabdruck bei Theodorson)

(63) J. B. Fleming, An Analysis of Shops and Service Trades in Scottish Towns. Scottish Geographical Magazine, LXX, Dez. 1954, S. 87—106 (Wiederbadruck bei Theodorson)

(64) Otis D. Duncan und Beverly Duncan, Residential Distribution and Occupational Stratification. The Amer. J. of Soc. LX, März 1955, S. 493—503 (Wiederabdruck bei Theodorson)

(65) Dieselben, The Negro Population of Chicago. A Study of Residential Succession, Chicago 1957

(66) Otis D. Duncan, Residential Segregation and Social Differentiation, In: Internationaler Bevölkerungskongreß, Wien 1959, S. 571—577

(67) Eshref Shevsky & Marilyn Williams, The Social Areas of Los Angeles: Analysis and Typology. Berkeley 1949

(68) Wendell Bell, The Social Areas of San Francisco Bay Region. Amer. Soc. Rev. 18, Februar 1953, S. 39—47

(69) Eshref Shevky & Wendell Bell, Social Area Analysis: Theory, Illustrative Application, and Computational Procedures. Stanford 1955

(70) Conrad M. Arensberg, Die Gemeinde als Objekt und als Paradigma. In R. König, Hb. d. emp. Sozialforschung, I. Bd., S. 498—521

(71) Albert L. Seeman, Communities in the Salt Lake Basin. In: Economic Geography XIV, July 1938, S. 300—308 (Wiederabdruck bei Theodorson)

(72) Charles Bettelheim & Suzanne Frères, Une ville française moyenne: Auxerre. Paris 1950

(73) I. Gadourek, A Dutch Community, Leiden 1956 (S. 38 ff.)

(74) François Goguel, Géographie des élections françaises. De 1870 à 1951. Paris 1951

(75) Gabriel Le Bras, Etudes de Sociologie religieuse, II. Bd.: De la morphologie à la typologie. Paris 1956

(76) François Houtart et alii, Bruxelles, CERES-Bericht Nr. 42, Brüssel 1958

(77) Max Leutenegger, Großstadtsoziologie. Probleme der Stadt Zürich. Diss. 1953 (zitiert nach König, Gemeinde, S. 188)

(78) R. Mackensen, J. Papalekas, E, Pfeil u. a., Daseinsformen der Großstadt, Tübingen 1953

(79) Walter Menges, Wandel und Auflösung von Konfessionszonen. In: Die Vertriebenen in Westdeutschland. Hg. von Eugen Lemberg u. Friedr. Edding, III. Bd., Kiel 1959, S. 1—22

(80) Hans Carol, Industrie und Siedlungsplanung. In: Z. Plan, 8. Jg. 1951, Nr. 6 (Nov.-Dez.), S. 191—209

(81) Simon Nieuwolt, Die funktionelle Gliederung von Wien. In: Geogr. Jahresberichte aus Österreich XXVII, Wien 1960

(82) Hans Linde, Grundfragen der Gemeindetypisierung. In: Forschungs- u. Sitzungsber. d. Akademie f. Raumforschung u. Landesplanung, Bd. III. 1952, „Raum und Wirtschaft", S. 58—121

(83) Hans Bobek, Alb. Hammer, Rob. Ofner, Beiträge zur Ermittlung von Gemeindetypen. Klagenfurt 1955

(84) Erich Bodzenta, Innsbruck. In Mitt. d. Österr. Geogr. Gesellschaft. Bd. 101, Heft III. Wien 1959, S. 323—360

(85) Ds., Die Katholiken in Österreich, Wien 1962 (S. 34 ff., S. 72 ff.)

(86) Ds., Industriedorf im Wohlstand, Mainz 1962 (S. 67 ff., S. 94 ff.)

(87) Leopold Rosenmayr, Gustav Krall, Anton Schimka, Hans Strotzka, wohnen in Wien. Der Aufbau-Monographie 8, Wien 1956

(88) Joh. Heinr. v. Thünen, Der isolierte Staat in Beziehung auf Volkswirtschaft und Nationalökonomie. 3 Bde., Hamburg-Rostock 1826—63.

(89) Emile Durkheim. De la division du travail social. Paris 1893

(90) Hans Bobek, Gedanken über das logische System der Geographie. Mitt. d. Geogr. Ges. Wien, Bd. 99, Heft II/III, 1957, S. 122 f.

(91) Ds., Über den Einbau der sozialgeographischen Betrachtungsweise in die Kulturgeographie. In: Tagungsbericht des Deutschen Geographentages in Köln 1961, S. 148—165 (bes. S. 153 u. 164) Vgl. schon früher: Stellung und Bedeutung der Sozialgeographie, Z. Erdkunde, Bd. II, Bonn 1948

(92) R. König, Soziologie, Fischer-Lexikon. S. 7

(93) Karl G. Specht, Ökologie. In: Handbuch d. Sozialwiss., 8. Bd., Tübingen 1961, S. 47

(94) H. Bobek, Begriffe und Aufgaben der Sozialgeographie. In: Anzeiger der phil.-hist. Klasse der Österr. Akademie der Wiss. Jg. 1953, Nr. 9, Wien 1953, S. 135

(95) Robert K. Merton, Social Theory and Social Structure. Glencoe/Ill. 1957 (3. Auflage), S. 5—10

Herrn Dr. Karl Stiglbauer danke ich für die kritische Durchsicht des Manuskripts.

GEORGES CHABOT

Le Devenir des Villes

Dans le monde contemporain la ville est reine. Cette primauté remonte loin. Dès que la civilisation s'est affirmée, dès que les villes ont cessé d'être de simples oppidums, qu'il y a eu genre de vie urbain, s'est développé un sentiment de supériorité par rapport aux campagnes. L'urbanité ne définissait pas seulement un genre de vie, un habitat mais une qualité sociale, un raffinement d'esprit tandis qu'au mot rural on apparentait le mot rustre. Aussi l'attirence des villes n'a-t-elle jamais cessé de s'exercer. Elle fut pourtant freinée longtemps par les obstacles économiques. Le rôle des villes était limité; les emplois y étaient rares en un monde qui était obligé de trouver sur place sa subsistance. Même les outils, les vêtements se fabriquaient plus commodément au village, au bourg et le secteur tertiaire était peu développé en un temps où les échanges étaient modestes, l'individu le plus souvent replié sur lui-même.

Ces conditions se modifièrent, tantôt par une lente évolution, tantôt sous l'effet de brusques innovations. Mais ce qu'il faut souligner c'est que, dans les temps modernes tout au moins, chaque transformation se fit au bénéfice des villes. La substitution des filatures, des tissages au travail textile à domicile amena la concentration dans les villes. Quand les usines s'installèrent dans les bourgs, elles les transformaient en petites villes. L'artisanat même se fit volontiers urbain ou, tout au moins, réclame des centres urbains d'échanges: les petites industries du Jura suscritèrent des petites villes. Quand le paysan se fit ouvrier il ne cessa pas toujours d'habiter la campagne mais il vint de plus en plus travailler à la ville. Au paysan ouvrier se substitua l'ouvrier-paysan, de mentalité bien différente. La grande industrie de son côté fut essentiellement urbaine; l'électricité même qui mit l'énergie à la portée de tous favorisa des petits centres industriels qui furent des embryons de ville. Les chemins de fer firent naître des villes autour des gares; comme, plus tard, les transports automobiles ils multiplièrent le rayonnement des centres urbains. Les villes pompèrent dans les campagnes pour s'assurer les ouvriers, les employés qu'elles exigeaient. Et la pompe, une fois amorcée, ne s'arrêta plus. Les hauts salaires, les commodités de la ville s'opposèrent aux rudes labeurs des campagnes, provoquèrent l'exode rural. Et puis il se créa une mystique de la ville; plus éclairée dans les pays européens, la ruée vers les villes fut instictive, irraisonnée dans les pays mal développés. Il sembla dans les campagnes africaines, asiatiques, sud-américaines que l'on échapperait à la famine en se précipitant vers les villes.

D'où cette multiplication des villes qui se sont démesurément enflées, et toutes les statistiques, dans tous les pays, étalent le mouvement avec trop de complaisance pour qu'il soit besoin d'y insister.

Rien ne semble plus s'opposer à cette ascension. Elle était autrefois limitée par les nécessités d'un ravitaillement dont on devait trouver l'essentiel dans le voisinage; les créréales voyageaient peu, sinon par mer; les légumes devaient venir des environs. Les progrès des transports ont libéré les villes de ces soucis; toute agglomération, fût-elle en plein désert, est aujourd'hui assurée de son ravitaillement. Henri Pirenne a montré qu'au Moyen Age les villes étaient hantées par la crainte de la famine; il semblerait qu'aujourd'hui cette crainte régnât bien plutôt dans certaines campagnes. D'où la croissance continue, vertigineuse, des villes. Il fut sans doute autrefois des crises urbaines, des contractions succédant à des périodes de développement, comme dans le haut Moyen Age. Ces contractions semblent impensables dans le monde moderne de civilisation industielle et même les guerres n'ont été que de nouvelles occasions de développement urbain. Aussi aujourd'hui l'urbanisation est-elle devenue un lieu commun. On suppute, en prolongeant les courbes de croissance, ce que sera telle ou telle ville dans dix, vingt ou trente ans; les métropoles se flattent, avec une fierté doublée de quelque appréhension, d'égaler Londres ou New York; les agglomérations plus modestes jonglent avec les centaines de milliers d'habitants.

La maisonnette individuelle remplacée par le gratte-ciel semble le symbole de cet entassement nouveau, indéfini. Le gratte-ciel lui-même fait place au „grand ensemble“. Les vieux pays semblent condamnés à devenir des Megalopolis où tous les espaces libres seraient suburbanisés et les continents nouveaux marcheraient rapidement sur leurs traces. Le devenir des villes semble devoir être une perpétuelle montée, irréversible.

Et pourtant cette ascension même n'a plus la simplicité des courbes régulières. La croissance n'est plus celle de la ville même; on se contentait autrefois d'accoler des faubourgs à la ville; ces faubourgs sont devenus aujourd'hui l'essentiel. Le phénomène de „Cité“ est apparu à Londres dès le 19e siècle, il gagne toutes les grandes villes. Le centre se dépeuple, réservé aux affaires, à l'administration. La ville ancienne ne s'anime plus que le jour-à l'instar de ces bourgs qui ne s'animent temporairement que pour le marché. La vie des citadins se passe pour la plus grande partie à l'extérieur, extra muros.

Encore peut-on considérer la masse continue de pierres et de briques comme constituant la ville moderne groupée autour de sa *cité;* mais les faubourgs eux-mêmes ont pris du large; ils s'égrènent dans les environs, deviennent une banlieue. C'est la banlieue-dortoir formée de tous les noyaux d'habitat où dorment les gens qui, le jour, travaillent dans la ville. Ce dortoir s'étend très loin: on profite de toutes les disponibilités qu'offrent les villages voisins; et puis ces villages mêmes offrent des avantages qui incitent à construire de nouvelles demeures: l'air est plus sain, le terrain meilleur marché. Toute ville s'entoure aujourd'hui de communes-dortoirs qui ne sauraient en être détachées.

La banlieue-dortoir se double d'une banlieue industrielle. Des usines trouvent dans les environs des emplacements plus avantageux, des possibilités d'extension tout en gardant leurs relations avec la ville où cadres et ouvriers continuent souvent à habiter. Ces usines aussi deviennent des noyaux d'habitation.

Et puis il est bien d'autres façons pour la ville de proliférer. La banlieue-récréation comprend les villégiatures de week ends, les lieux de promenades et de sports. Les ensembles universitaires avec leurs laboratoires, leurs bibliothèques, leurs maisons d'étudiants se logent volontiers dans les environs: Blindern près d'Oslo.

Dans ces conditions la ville ne signifie plus grand'chose; elle ne survit plus que dans l'adjectif qui désigne l'agglomération dont elle est submergée: agglomérations parisienne, londonienne, lyonnaise, marseillaise.

Pourtant ces petits centres qui se détachent à moitié de la ville lui restent encore liés par des mouvements quotidiens (hebdomadaires pour les villégiatures).

Mais il y a plus. La ville suscite des centres qui restent sous son influence mais dont les habitants sont enracinés. Ils ont dans ces centres leur lieu de travail, usines ou bureaux en même temps que leur résidence. Il n'est plus besoin pour eux d'aller à la ville, sinon pour quelques distractions culturelles ou quelques emplettes exceptionnelles; ils trouvent sur place tous les éléments de leur vie. Les liens s'établissent avec la ville de façon en quelque sorte immatérielle par les capitaux, les commandes, les directions administratives. Et pour ces centres qui gravitent dans l'orbite de la ville on a trouvé le nom de satellites.

Il est facile de désigner ces satellites quand il s'agit de créations nouvelles, de *new towns*, spécialement organisées pour ce rôle. Mais comment préciser celles des anciennes villes qui peu à peu se métamorphosent en entrant dans l'orbite d'une grande métropole? Comment exprimer la mesure dans laquelle elles jouent ce rôle de satellites? Qui pourra dire si Orléans, Reims, Rouen sont aujourd'hui vraiment les satellites de Paris?

Il ne suffit donc plus de parler d'agglomération. On parle aujourd'hui de réseau urbain.

La ville a éclaté, et l'on se prend à répéter la vieille formule: le centre est partout, la circonférence nulle **part**.

Que deviennent alors les définitions classiques? La ville était en effet définie par la continuité de la surface bâtie, par l'importance de sa population et par le genre de vie qu'y mènent les habitants.

La continuité de la surface bâtie, suivant la définition du recensement signifie que les maisons ou les jardins attenants sont contigüs, compte non tenu des places, des jardins publics, des cimetières. Cela ne peut évidemment s'appliquer à l'agglomération dont les maisons ont tendance à s'égailler dans la campagne; d'anciens villages distincts de la ville sont habités à peu près uniquement par des citadins que la qualité de banlieusards n'empêchet point de se sentir citadins comme les autres; de grands ensembles se créent que rattachent à la ville des lignes serrées d'autobus; on les place dans des terrains disponibles, au milieu des champs. Les usines en font autant: les établissements Simca à Poissy, Renault à Flins sont en pleine campagne. La déconcentration (qu'il ne faut point confondre avec la décentralisation) peuple les environs.

Le critère de la continuité bâtie ne peut donc s'appliquer qu'au noyau ancien qui est loin de représenter toute la ville. Il subsiste bien là en effet un ensemble fermé. Il est même de plus en plus compact; les villes autrefois présentaient des lacunes; on cultivait des légumes autour de la maison bourgeoise; l'enceinte de Paris au 18e siècle, celle dite des Fermiers généraux, englobe des champs. Aujourd'hui on utilise le moindre espace libre; c'est à grand'peine que l'on préserve quelques squares et quelques promenades et l'on s'efforce de projeter les cimetières hors des murs.

Mais il ne s'agit que d'une petite partie de l'agglomération, et qui ne saurait revendiquer à elle seule d'être la ville. Et pour le reste, on ne voit pas bien ce qui pourrait être considéré comme ville. Sans doute beaucoup de points d'habitat séparés du noyau urbain pourraient à bon droit être regardés comme des villes; leur importance le leur permettrait, car ils peuvent avoir plusieurs dizaines de milliers d'habitants, parfois une centaine et ils ne manquent pas de présenter eux aussi un ensemble bâti continu, dans leur partie centrale tout au moins. Et pourtant s'agit-il de villes au sens où on l'entendait autrefois? Il leur manque un certain sentiment d'autonomie. La commune porte bien sur l'en-tête de ses documents administratifs: *Ville de...* En fait on y sent toujours que la vraie ville c'est la ville où vont travailler ses habitants. L'importance n'est donc plus seule en cause; il doit s'y ajouter pour caractériser une ville une certaine indépendance. Le terme de satellite exprime cette absence d'indépendance, cette subordination des *new towns* qui ne sont pas des villes au sens ancien du mot.

Suffit-il donc de considérer que l'ensemble c'est l'agglomération et de réserver le nom de ville au noyau central autour duquel gravitent des centres secondaires? On ne saurait pourtant admettre que l'ancienneté suffise à caractériser la ville: cela reviendrait à pérenniser un titre de noblesse comme il arrive en certains pays où le rang de ville, une fois octroyé, ne se perd jamais. Ce noyau ancien risque fort de s'amenuiser de plus en plus. Il peut être éclipsé par un autre groupement devenu le vrai centre. Mais cette centralité est très délicate à fixer; il peut arriver que dans l'agglomération plusieurs centres apparaissent, que le centre culturel soit distinct du centre commercial, du centre industriel. La *Cité* même perd ses avantages qui consistaient dans la possibilité pour les hommes d'affaires de communiquer en voisins; la facilité des liaisons de toutes sortes fait que le voisinage n'est plus nécessaire aux relations. A la „Cité" concrète succède une „Cité" abstraite. C'est bien l'ensemble, l'agglomération qui représente la seule réalité. Et on ne saurait lui appliquer le critère de la continuité bâtie.

Quant au critère d'importance, comment le retenir? On ne saurait l'appliquer au seul noyau, le groupement qui s'amenuise au profit des groupements extérieurs. Et comment l'appliquer à l'agglomération, ce qui serait la seule solution logique. Il s'agissait déjà d'un élément fortement teinté de subjectivité dans les villes classiques. Pour une agglomération dont les limites sont impossibles à fixer, cette appréciation devient arbitraire et perd toute valeur.

Reste une dernière notion, un dernier critère qui semblait nécessaire pour la détermination d'une ville et qui, parfois, est apparu l'essentiel: le genre de vie spécial des cités qui s'oppose au genre de vie agricole et qui opposait la ville aux villages. Peut-être est-ce aujourd'hui au contraire le signe le moins caractéristique, dans les pays occidentaux tout au moins. Non seulement les citadins répandus à travers la campagne y prolongent les habitudes de la ville; non seulement les gros fermiers ont un pied-à-terre en ville et envoient leur fils au lycée; mais le prestige des villes a suscité l'imitation de tous à la campagne. La blouse de toile du paysan a été remplacée par le bleu de travail. Il est devenu impossible, au village, de distinguer à leurs vêtements les filles de ferme et les vacancières. Le réfrigérateur, la machine à laver, la radio pénètrent partout. Les nouvelles de la ville, les potins du théâtre sont commentés au village.

Il faut ajouter enfin que l'agriculture se fait de plus en plus semblable à une industrie; elle se mécanise. La conduite d'un tracteur requiert des qualités semblables à celles d'un outil motorisé. C'est en camion que l'on livre le bétail et les achats se règlent par chèques.

Le mouvement est rapide; il a été précipité par les guerres qui ont brassé les populations, mêlé dans les armées comme dans les camps de prisonniers ouvriers et paysans. Il a conquis toute l'Europe occidentale et l'Amérique du Nord. Moins apparent en Europe orientale, il se poursuit par d'autres voies et ne manquera pas de s'étendre à toute la planète. Le même costume de coton habille en Chine citadins et paysans.

La zone suburbanisée qui caractérise l'espace compris dans une Megalopolis risque de s'étendre démesurément. Dès maintenant on peut dire qu'il ne saurait être question de délimiter par le genre de vie urbain le périmètre d'une agglomération. Ainsi les critères servant à définir la ville risquent de s'évanouir, écrasés par l'agglomération qui cependant ne saurait les prendre à son propre compte en se substituant à la ville.

L'évolution des villes semble entraîner leur disparition à plus ou moins brève échéance, ou du moins des villes telles que nous les concevons, il ne s'agit même plus d'un système de planètes gravitant autour d'un soleil unique; le système tout entier tend à se dissoudre en une sorte de nébuleuse.

Mais il faut bien penser que notre définition de la ville c'est celle de notre civilisation. Dans les civilisations précédentes on parlait déjà de villes et il s'agissait cependant de groupements bien différents. John Frödin remarquait qu'avec notre définition de la ville l'antiquité n'aurait connu aucune ville. Mycènes, la ville du roi des rois, n'était guère qu'un oppidum. Les citadins d'autrefois étaient en grande partie des agriculteurs: Cincinnatus maniait la charrue. Il en fut encore ainsi au Moyen Age. Dans toutes les villes rentraient le soir les paysans qui avaient travaillé leurs champs au delà des remparts; l'automne venu les vignerons installaient leur pressoir dans la rue, devant leur maison. N'en est-il pas bien souvent de même aujourd'hui en bien des localités d'Afrique, d'Asie que cependant on considère sur place comme des villes? Et plus près de nous, ne sommes-nous pas obligés d'assouplir nos définitions pour admettre certaines ville méditerranéennes peuplées d'agriculteurs?

On est dès lors en droit de se demander si nous ne nous acheminons pas vers une autre conception de la ville. Des villes, telles que nous les concevons, il n'y en aura peut-être plus ou ce qui subsistera apparaîtra comme des sortes de musées, des reliques qui auraient défié le temps, les démolotions des hommes, les gaz rongeurs des véhicules motorisés. Nous gardons de même les vestiges de théâtres antiques ou les remparts de Carcassonne. En Suède les lois agraires ont fait disparaître au 19e siècle les villages; ceux-ci ont littéralement éclaté, chaque cultivateur installant sa maison près de ses champs regroupés et quand on circule la nuit à travers la campagne on est frappé par la dispersion des lumières qui marquent les fenêtres éclairées des foyers domestiques. Mais une région fait exception, la Dalécarlie qui prend figure de musée. Tous s'étonnent et s'extasient devant ses gros villages que l'on vient admirer de loin. Peut-être un jour quelques une de nos villes seront-elles de même sujet d'étonnement avec leurs maisons bien tassées les unes contre les autres, leur mélange de gratte-ciels et de masures. Si des hommes y vivent encore on sera surpris de leur attachement à ces pierres. N'est-on pas de même surpris, en visitant quelque vieux bourg médiéval, pieusement entretenu, de voir que des hommes vivent encore en ces étroits logis au lieu d'aller s'installer dans quelque coquette maisonnette hors du corset des remparts?

Les villes d'autrefois n'étaient pas celles d'aujourd'hui. Quand celles d'aujourd'hui disparaîtront, ne seront elles pas remplacées par d'autres organismes auxquels s'attacherait encore le nom de ville? Et ne pouvons-nous essayer de concevoir ces organismes?

La nébuleuse de maisons, d'usines, de dortoirs, de gares expéditrices, de centres de ramassage ne saurait être un magma incohérent; plus encore que l'univers actuel celui de demain devra être organisé et cette organisation devra être la cause et la justification de la transformation. Il y faudra des éléments coordinateurs. On conçoit que, de nos jours la coordination puisse se faire sur place entre gens qui vivent au sein de la ville et au voisinage les uns des autres. Quand les éléments seront dispersés, il faudra un organe central, Cet organe, dans une économie planifiée sera la tête, le poste de commandement, une sorte de „super-cité". On se plaît à évoquer nos bocages occidentaux. L'habitat s'est égaillé dans la campagne; mais sur le tout règne un centre administratif culturel, constitué parfois tout simplement par l'église et la mairie. Dans le paysage de demain la ville sera peut-être ce centre, bien différent de nos villes actuelles, évoquant presque l'oppidum de civilisation mycénien-ne. Mais sans doute s'écoulera-t-il d'ici-là autant de temps qu'il s'en est écoulé de Mycènes à nos jours.

ERICH DITTRICH

Ein Versuch zur Systematik der Raumforschung

Der Beitrag des Sachverständigengutachtens über die Raumordnung in der Bundesrepublik Deutschland

A. VORBEMERKUNG

In ihrem Beschluß vom 25. November 1955 über die Aktivierung der Raumordnung führte die deutsche Bundesregierung u. a. aus: „Für eine fruchtbare Tätigkeit des Bundes auf dem Gebiete der Raumordnung ist eine klare raumpolitische Zielsetzung der Bundesregierung und eine Einigung über die hierfür anzuwendenden Methoden erforderlich, zumal die bisherigen Äußerungen einzelner Ressorts und die aus Wissenschaft und Praxis kommenden Forderungen nach einer zweckmäßigen Ordnung des deutschen Raumes noch weitgehende Divergenzen aufweisen. Die Ressorts sind daher überwiegend der Auffassung, daß zunächst für die Bundesregierung praktikable ‚Richtlinien (ein Leitbild) für die Koordinierung der von der Bundesregierung zu treffenden raumrelevanten Maßnahmen' erarbeitet werden müssen. Auf diese Richtlinien werden in Zukunft alle von den Bundesressorts zu treffenden, in dem Raum wirkenden Maßnahmen einzupassen sein. Da die Erarbeitung des Leitbildes einerseits Spezialkenntnisse auf dem Gebiet der Raumordnung erfordert und andererseits hierbei die Geschäftsbereiche mehrerer Bundesressorts berührt werden, erscheint es zweckmäßig, diese Aufgabe nicht einem einzelnen Ressort, sondern einem Sachverständigen-Ausschuß mit qualifizierten Fachkräften zu übertragen.“[1])

Dieser Passus, durch personelle Hinweise ergänzt, brachte Einsetzung und Aufgabenstellung des Sachverständigenausschusses mit einer bewußt auf praktische Ergebnisse abgestellten Zielsetzung, wie es auch nicht anders zu erwarten war. Die Mitglieder des Ausschusses sollten ein sachverständiges Urteil abgeben und praktikable Richtlinien für die Verwaltung aufstellen. Sie bedurften dazu in ihrer Gesamtheit neben Fachkenntnissen in der Verwaltung, insbesondere aus dem Bereiche der hauptsächlich interessierten Ressorts, auch wissenschaftlicher Kenntnisse. Dementsprechend war auch der Sachverständigenausschuß zusammengesetzt. Aber grundsätzlich, das ist nochmals festzuhalten, wurde von ihm keine wissenschaftliche Studie, sondern eben eine sachverständige Stellungnahme zu einer praktischen Aufgabe verlangt.

---

[1]) Die Raumordnung in der Bundesrepublik Deutschland. Gutachten des Sachverständigenausschusses für Raumordnung. Stuttgart, 1961, S. 7.

B. DIE SYSTEMATIK DER RAUMFORSCHUNG

I. Die Voraussetzungen

Der Sachverständigenausschuß hat eingehend die Möglichkeiten geprüft, wie er dem Auftrag in seiner offiziell gestellten Form und in den Auslegungen, die er später in Auslassungen seitens maßgeblicher Vertreter des federführenden Bundesministeriums des Innern gefunden hatte, Genüge tun konnte. Über diese Auslegungen ist in einer zusammenfassenden Studie über das Leitbild das Nötige gesagt worden[2]. Danach erwarteten diese Kreise von dem Gutachten des Sachverständigenausschusses im Grunde einen Katalog von ganz konkreten Richtlinien für die von ihnen zu führende Raumordnungspolitik, eine Bedienungsvorschrift, die für alle möglichen Fälle schon die Lösung oder wenigstens die Elemente für eine Lösung enthalten würde.

Es ist an der genannten Stelle ausgeführt worden, daß sich das Sachverständigengutachten mit guten Gründen von einer solchen Interpretation des Auftrages abgewendet hat. Aber um zu einer Ausführung zu gelangen, wie sie aus dem eingangs zitierten Auftrag der Bundesregierung entnommen werden konnte, mußten die Sachverständigen vorerst prüfen, ob der Stand der Diskussion über Raumordnung und Raumordnungspolitik es schon zulassen würde, eine Bilanz zu ziehen und daraus die Antwort auf die gestellte Frage zu entnehmen. Das Ergebnis dieser Prüfung war, daß die grundsätzlichen Diskussionen über *Raumordnung, Raumordnungspolitik, Raumforschung* sowie die besonderen über Möglichkeiten und Wirkungen raumordnungspolitischer Maßnahmen von der Erreichung eines auch nur vorläufigen Abschlusses nicht unerheblich entfernt waren. In vielen Einzelheiten mochte man wohl von einer herrschenden Meinung sprechen können, aber diese reichte nicht aus, um darauf ein Sachverständigengutachten, wie es gewünscht wurde, zu begründen.

Die schwierige Situation, in der sich die Sachverständigen bei ihrer Arbeit befanden, erklärte sich vor allem daraus, daß es in der verhältnismäßig kurzen Zeit, in der sich eine moderne Raumordnungspolitik und Raumforschung zu entwickeln begann, noch nicht in wünschenswertem Umfang zu festen Abgrenzungen, Zielsetzungen und probaten Methoden gekommen war, sicherlich bei den turbulenten Zeiten auch nicht kommen konnte. Es fehlte eine anerkannte Tradition, die einen Halt hätte geben können. Es fehlte damit auch ein Bestand an Begriffen, die, wenn auch Modifikationen unterworfen, doch im Kern fest geblieben wären. Vielfach herrschte ein Begriffschaos, indem jeder Autor seinen Begriffsapparat neu bildete. Dabei muß man zweckmäßigerweise unterscheiden zwischen Begriffen, die gewisse Instrumente der Raumordnungspolitik bezeichnen und sich wohl für eine Legaldefinition eignen, und anderen, die sich aus praktischen wie wissenschaftlichen Auseinandersetzungen mit den Lebensvorgängen im Raum befassen und in diesem Prozeß einem Inhalts- wie Bedeutungswandel unterliegen.

Wenn man die Jahre vor dem Zweiten Weltkriege betrachtet, so wies die deutsche Raumforschung beispielsweise in den bekannten Arbeiten von *Lösch* und *Christaller* sowie in den Bemühungen von *Ritterbusch* wichtige Ansätze auf — es wird später zu zeigen sein, wie gerade *Lösch* für die Arbeiten des

---

[2] Erich *Dittrich*, Raumordnung und Leitbild. Schriftenreihe des Instituts für Städtebau, Raumplanung und Raumordnung an der Technischen Hochschule in Wien. Heft 2, Wien, 1962, S. 5.

Sachverständigenausschusses wichtig geworden ist —, aber die hier aufgegriffenen Fäden waren zunächst abgerissen und Raumforschung und Raumordnungspolitik meinten in den ersten Nachkriegsjahren, zuerst ihre Existenzberechtigung überhaupt nachweisen zu müssen. Diese Auffassung ist bis in das Sachverständigengutachten hinein zu spüren. In seiner Einführung „*Der Standort der Raumordnung*" ist der Grundzug, Raumordnung und Raumordnungspolitik als notwendig zu rechtfertigen, nicht zu überhören. Er wäre sicherlich noch stärker zum Ausdruck gekommen, wenn das Gutachten nicht Mitte 1961, sondern etwa 1955/56 hätte abgeschlossen werden können.

Die Sachverständigen mußten sich also zuerst ihre Position schaffen, von der aus sie an ihre eigentliche Aufgabe herangehen konnten. „Bei der überaus komplizierten, vielschichtigen und durch viele Diskussionen vorbelasteten Aufgabe des Ausschusses, der sich für seine Materie auf keine deutschen Vorgänger berufen konnte, erschien es notwendig, sich in den ersten Stadien der Bearbeitung einen möglichst umfassenden Überblick über die zu untersuchende Problematik zu verschaffen. Die Mitglieder des Ausschusses kamen aus verschiedenen Tätigkeitsbereichen, die zwar sämtlich eine Beschäftigung mit Fragen der Raumordnung nahelegten, jedoch jeweils in sehr unterschiedlicher Intensität. Es mußte sich daher erst ein Arbeitsklima entwickeln und Vorstellungswelt und neue Aufgaben mußten aufeinander abgestimmt werden."[3] Das bedeutete also, daß sich der Ausschuß erst einmal selbst Rechenschaft über das Vorgegebene und Vorgefundene geben mußte, ehe er an weitere Schritte denken konnte, und diese Rechenschaftslegung ist dann auch in das Gutachten mit eingegangen. Er hat dies auch ganz offen ausgesprochen: „Ein verläßliches Urteil über die Aufgaben der Raumordnung in der Bundesrepublik, über ihr Leitbild und die Maßnahmen, zu denen sie hinführen sollte, läßt sich nur auf der Grundlage einer Darstellung und Analyse der gegenwärtigen räumlichen Ordnung gewinnen. Hierzu ist es wiederum notwendig, zu verfolgen, wie diese räumliche Ordnung von den naturräumlichen Gegebenheiten aus durch die Kräfte des Industrialisierungsprozesses geprägt worden ist."[4]
Es ist wichtig, sich diese Feststellung in ihrer Tragweite genau zu verdeutlichen. Denn mit ihr haben die Sachverständigen zum Ausdruck gebracht, daß sie als vordringlich eine wissenschaftliche Aufgabe gesehen haben, ohne deren befriedigende Lösung an die von der Bundesregierung gestellte praktische Aufgabe gar nicht gegangen werden kann. Die sachverständige Prüfung von Aufgabe und Erfüllungsmöglichkeit ergab also die Notwendigkeit einer wissenschaftlichen Besinnung und Analyse.

Schärfer konnte wohl der entgegengesetzte Standpunkt zu der anderen Vorstellung, der Sachverständigenausschuß könnte gleich in einer angemessenen, d. h. hier nicht zu langen Zeit eine Bedienungsvorschrift zur Raumordnungspolitik liefern, nicht zum Ausdruck gebracht werden. Die Beantwortung dieser Forderung mußte zunächst zurückgestellt werden, wenn man sie überhaupt als eine mögliche Forderung an einen so zusammengesetzten Sachverständigenausschuß anerkennen will.

Die deutschen Sachverständigen sahen sich auch nicht in der Lage wie ihre niederländischen Kollegen, die ungefähr zur gleichen Zeit einen Abriß eines Raumordnungs-

---

[3] Die Raumordnung in der Bundesrepublik Deutschland. A. a. O., S. 8.
[4] Die Raumordnung in der Bundesrepublik Deutschland. A. a. O., S. 13.

planes für die Niederlande vorlegen konnten[5]). Ganz abgesehen von den nicht vergleichbaren *rechtlichen Grundlagen* sowie dem verschiedenen *Verwaltungsaufbau* — in Deutschland Bundesstaat, in den Niederlanden Einheitsstaat —, handelte es sich bei dem niederländischen Bericht um die Arbeit der für die Raumordnungspolitik des Landes maßgebenden Behörde. Auf Grund eines einstimmig angenommenen Antrags einiger Abgeordneter der Zweiten Kammer war die niederländische Regierung aufgefordert worden, dem Parlament einen besseren Einblick in die mit der Raumordnung gegebenen aktuellen und tiefeingreifenden Probleme zu geben, die die Aufgabengebiete verschiedener Ministerien berühren. Dieser Bericht sollte dem Parlament also einen gründlichen Einblick vermitteln und gleichzeitig die Leitlinien, denen die Regierung in der Beurteilung dieser Probleme und in ihren Maßnahmen zu deren Lösung zu folgen gedächte, herausstellen. Die Abfassung des Berichts erfolgte durch Vermittlung des Ständigen Ausschusses beim Staatsamt für Raumplanung und wurde nachher im Interministeriellen Rat für Raumordnung durchgesprochen. Die Bearbeiter waren also in erster Linie die zuständigen Fachbeamten, im deutschen Beispiel unabhängige Sachverständige. Und das, was für die Zentrale in den Niederlanden an Arbeiten und Resultaten ihrer Raumordnungspolitik vorlag, konnte nicht mit dem Wenigen in Vergleich gebracht werden, was in der Bundesrepublik gegeben war, deren Raumordnungspolitik ja nicht zuletzt mit Hilfe des Sachverständigengutachtens aktiviert werden sollte.

II. Die Problemstellung

Wenn also das deutsche Sachverständigengutachten aus den dargelegten Gründen andere Wege beschreiten zu müssen glaubte, die vielleicht manchen Praktiker, der sich hier bequeme Auskunft holen wollte, enttäuscht haben mögen, so hat es sich eben deswegen für die Raumforschung außerordentlich anregend erwiesen, und dies soll das Thema der folgenden Ausführungen sein. Es wäre sicherlich zu weit gegangen, wollte man das Sachverständigengutachten als Lehrbuch der Raumforschung betrachten. Ein solches zu liefern, lag ganz außerhalb des Kreises der Bemühungen der Sachverständigen. Vor diese Frage direkt gestellt, hätten sie vermutlich eine Erfüllung einer solchen Aufgabe abgelehnt, weil sie einen erheblich größeren Aufwand erfordert hätte, als zugebilligt worden wäre. Aber indem sie gezwungen waren, sich wissenschaftlich über Methoden und Möglichkeiten der Raumordnungspolitik Rechnung zu geben, um überhaupt an den Kern der ihnen offiziell gestellten Aufgabe heranzukommen, gelangten sie unversehens zu einer Umschreibung der *Aufgaben der Raumforschung* und zu einer Herausstellung ihrer drei wichtigen Problemkreise. Denn wenn man sich die Dreigliederung: *räumliche Ordnung, Leitbild, Raumordnungspolitik* des Sachverständigengutachtens ansieht, so enthält sie die drei Teildisziplinen, die insgesamt das Forschungsgebiet der Raumforschung umfassen. Auch das, was notgedrungen im Sachverständigengutachten draußen geblieben ist, läßt sich ohne große Mühe in dieser Dreiteilung unterbringen. Das haben evident die Arbeiten gezeigt, den neuen in Überprüfung befindlichen Band des Bibliographischen Index des Instituts für Raumforschung, der in absehbarer Zeit erscheinen wird, nach jener Dreiteilung unterzugliedern. Das umfangreiche literarische Material hat sich ohne Gewaltsamkeit in jene drei Untergruppen unter-

---

[5]) Der Regierungsbericht über die Raumordnung in den Niederlanden. Mitteilungen aus dem Institut für Raumforschung, Heft 49, 1961.

bringen lassen. Diese Dreigliederung ist also mehr als nur eine zweckmäßige Disposition des Stoffes, den die Sachverständigen zu bearbeiten sich vorgenommen hatten, sie ist eine Disposition des Stoffes der Raumforschung überhaupt. Sie soll damit ihrer Systematik entsprechen.

Nun nimmt das Sachverständigengutachten selbst zur Raumforschung Stellung. Das geschieht höchst bezeichnenderweise in dem dritten, der Raumordnungspolitik gewidmeten Teil des Gutachtens, und zwar unter dem Zwischentitel der „Verfahrensvorkehrungen". Diese Art, die Raumforschung in das Sachverständigengutachten einzuführen, ist nur verständlich, wenn man von dem Ausgangspunkt, nämlich dem Auftrag der Bundesregierung, ausgeht. Dieser zielte auf eine praktische Aufgabe, und für diese praktische Aufgabe kam es in einer besonderen und begrenzten Form auch auf die Hilfe der Raumforschung an.

Daher sagt das Gutachten an dieser Stelle[6]), daß eine Voraussetzung der Raumordnungspolitik im allgemeinen und des raumplanerischen Vorgehens im besonderen eine eingehende Bestandsaufnahme sei. Es wird in diesem Zusammenhang auf die heute allgemein anzutreffende Verwissenschaftlichung der Verwaltungstätigkeit hingewiesen. Für die Raumordnungspolitik sei daher die Hilfe der Raumforschung unentbehrlich. Die Raumforschung holt dabei in Analogie zur Raumordnungspolitik „ihre Elemente aus verschiedenen Einzeldisziplinen und schmilzt sie dann in eine neue Einheit ein. Sie hellt für die Raumordnungspolitik die aus dieser Zusammenstellung sich ergebenden neuen Aspekte und Zusammenhänge auf, vielfach macht sie überhaupt erst den Blick für die neuartigen Perspektiven empfänglich. Der wesentliche Beitrag der Raumforschung in diesem Sinne besteht also nicht in der Erweiterung des Fachwissens, sondern in der Vermittlung der Erkenntnisse über die regionale Interdependenz und ihre praktischen Konsequenzen, in der Vermittlung der Vorstellung vom Ganzen."

Damit ist also nicht die Raumforschung in ihrem vollständigen Inhalt beschrieben worden, sondern nur ihre besondere Rolle bei der Bewältigung der gestellten praktischen Aufgaben. Daher fährt das Gutachten auch in dieser Ausrichtung fort, wenn es nun zur Bestandsaufnahme selbst Stellung nimmt: „Die allgemeine Bestandsaufnahme als Erfassung der Gegebenheiten und Entwicklungstendenzen im Raume, die Vermittlung der Vorstellung des gesellschaftlichen Lebens ingesamt in seinen räumlichen Beziehungen ist eine wissenschaftliche Aufgabe. Sie hat als solche in wissenschaftlicher Freiheit zu erfolgen. Die Begrenzungen der Arbeit, die sich aus der Ausrichtung auf das gestellte Ziel, die Planungsaufgabe, ergeben, sind von der Raumforschung zu bestimmen; denn sie richten sich nach der Aussagekraft des so gewonnenen Materials." Diese und die folgenden, den Gedanken weiterführenden Sätze sind aus Erfahrung geschrieben. Sie wollten, in einem offiziellen Sachverständigengutachten unmißverständlich zum Ausdruck gebracht, der Raumforschung eine Stütze und zugleich der auftraggebenden Praxis eine Warnung geben. Die Praxis kann der Raumforschung wohl Aufgaben und Fragen stellen, ob und wie, insbesondere mit welchen Mitteln sie beantwortet werden, muß man der Raumforschung überlassen. Der Patient, der operiert werden soll, kann dem Chirurgen auch nicht vorschreiben, welcher Instrumente er sich dabei bedienen soll. Er kann auch vorher dem Arzt keine Bedingungen stellen, welche Hilfsmittel er für seine Diagnose

---

[6]) Die Raumordnung in der Bundesrepublik Deutschland. A. a. O., S. 134 ff.

anwenden soll. Jede Einmischung dieser Art würde die Diagnose verkümmern. Eine Verkümmerung der wissenschaftlichen Arbeit in der Raumforschung muß zu unzulänglichen Bestandsaufnahmen führen und: „wie kann man dann eine auf unzulänglichem Fundament basierende Entscheidung verantworten?"

Das Sachverständigengutachten führt dann noch aus, daß die *Bestandsaufnahme* nur ein *Teilstück der Raumforschung* sei. „Raumforschung ist nicht mit Bestandsaufnahme erschöpft. Sie hat darüber hinaus noch andere und wichtige Aufgaben." Auch dieser Feststellung liegen Erfahrungen zugrunde. Sie lehnt Vorstellungen ab, die bei einer instrumental gedachten Raumplanung auch die Raumforschung nur als ein Teilinstrument derselben sehen wollten und ihr damit jeden wissenschaftlichen Charakter und Würde nehmen. Es erübrigt sich, an dieser Stelle auf frühere Polemiken einzugehen[7]). Die anderen Vorstellungen sind in der wissenschaftlichen Diskussion überwunden. Das Sachverständigengutachten stellt einfach den Stand der Gegenwart fest.

Zur Systematik der Raumforschung erfährt man also allein aus den Partien des Sachverständigengutachtens, die ausdrücklich der Raumforschung gewidmet sind, nichts. Man muß sich, wie schon angedeutet, an das Gutachten in seiner Gesamtheit und an seine Systematik halten.

III. Inhalt des Raumordnungsgutachtens

Das Sachverständigengutachten hat, wie schon erwähnt, die Dreiteilung: räumliche Ordnung, Leitbild, Raumordnungspolitik. Es ist jetzt notwendig, zuerst den Inhalt dieser drei Sachgebiete zu beschreiben, um dann fragen zu können, ob dieser Dreigliederung ein im Sinne der Raumforschung fundiertes System zugrunde liegt oder ob sie sich lediglich aus einer bequemen Gliederung des Stoffgebietes für das in Auftrag gegebene Gutachten ergibt, also pragmatisch, nicht systematisch zustande gekommen ist.

1. Die räumliche Ordnung

Nach der Disposition enthält der Erste Teil: *„Die räumliche Ordnung"* folgende Themengruppen: die naturräumlichen Voraussetzungen, Wandlungen des Raumgefüges im Industrialisierungsprozeß, die räumliche Ordnung in der Gegenwart. Ihre Abfolge empfängt zunächst ihren Sinn von der Aufgabe des Sachverständigenausschusses, praktikable Vorschläge für die Raumordnungspolitik der Bundesregierung zu machen. Der Auftrag war also, keine historische Untersuchung zu liefern. Die gegenwärtige Situation hatte Ausgangspunkt der Vorschläge zu sein. Aber diese gegenwärtige Situation kann man nur begreifen, einmal von den naturräumlichen Gegebenheiten her, dann aber vor allem von den Tendenzen her, die sie so geschaffen haben und sie weiterwirkend so erhalten.

Was soeben als gegenwärtige Situation bezeichnet worden ist, heißt im Sachverständigengutachten im Anschluß an das bekannte Buch von *Lösch:* „Die räumliche Ordnung".[8]) Die räumliche Ordnung ist der jeweilige tatsächliche Zustand der Zuordnung der Menschen zum Raum eines bestimmten Gemeinwesens (Staat, Verwaltungsbezirk, Gemeinde). Es spielt in dieser Beziehung keine Rolle, ob bzw. wie-

---

[7]) Vgl. z. B. Erich *Dittrich*, Raumforschung und Raumordnung. Ein Diskussionsbeitrag. In: Institut für Raumforschung. Informationen, 3 (1953), 42/43, S. 481 ff.

[8]) Die Raumordnung in der Bundesrepublik Deutschland. A. a. O., S. 10/11.

weit dieser Zustand einem normativen Leitbild entspricht. Die räumliche Ordnung kann also vom Standpunkt des Leitbildes aus gesehen schlecht sein, aber irgendwie werden in dem tatsächlichen Zustand auch Ordnungsvorstellunngen und Ordnungsbedingungen enthalten sein, so daß die Bezeichnung „räumliche Ordnung", auch wenn sie dem herrschenden Leitbild nicht entspricht, gerechtfertigt werden kann.

Wollte also das Sachverständigengutachten eine tragfähige Basis für die Vorschläge zur Raumordnungspolitik schaffen, so mußte es die räumliche Ordnung der Bundesrepublik in der Gegenwart doch auch historisch fundieren. Dabei war es für die gestellte praktische Aufgabe nicht erforderlich, die historische Fundierung weit in die Vergangenheit zurückzulegen, sondern man konnte sich damit begnügen, von den Zuständen auszugehen, wie sie vor Beginn der Industrialisierungsepoche, also am Anfang des 19. Jahrhunderts, in Deutschland bestanden.

Mit diesem Vorgehen ist nebenbei eine sehr wichtige wissenschaftliche Erkenntnis vermittelt worden, nämlich der Wandel in der Naturabhängigkeit der räumlichen Ordnung. Damit wird besonders die Geographie angesprochen. Es wird ganz mit Recht ausgeführt, daß bei der hohen Abhängigkeit des Menschen von der Natur in jener Ausgangszeit zu Beginn der modernen Industrialisierung die Verteilung der Bevölkerung in weit höherem Maße als jetzt den natürlichen Verhältnissen entsprach. Die räumliche Ordnung war also, so kann man es auch ausdrücken, damals stärker naturgebunden, während sie heute viel mehr technisch-ökonomisch-gesellschaftspolitisch bestimmt ist. Von der Konzeption des Leitbildes her gesehen müßte man besser sagen, daß die gesellschaftspolitischen Momente in ihren Wirkungen auf den Raum damals eher und wirksamer als heute auf naturgegebene Schranken gestoßen wären.

Das Sachverständigengutachten begnügt sich mit einer sehr gerafften Darstellung der naturräumlichen Voraussetzungen, um dann breit die treibenden Kräfte in der Wirtschaft, die neue Verteilung von Bevölkerung und Industrie, deren Begleiterscheinungen und abschließend Ballung und Dezentralisation zu behandeln. Auf die Problematik Ballung — Dezentralisation ist dieser ganz große Abschnitt hingeordnet. In ihr wird das Hauptthema der räumlichen Ordnung und damit auch der Raumordnungspolitik gesehen, von den Verhältnissen der Bundesrepublik her zweifellos mit Recht.

Der Schlußabschnitt über die räumliche Ordnung in der Gegenwart stellt den Übergang her, indem er neben einer Zusammenfassung der den Zustand bestimmenden Faktoren diesen Zustand nach den Gesichtspunkten der Wirtschaftlichkeit, der Vitalsituation, der Schutzbereitschaft und der Landschaftsbewahrung beurteilt.

2. Das Leitbild

Daran schließt sich dann, im Aufbau des Sachverständigengutachtens ganz folgerichtig, das Leitbildkapitel. Sollen Vorschläge für die Raumordnungspolitik gemacht werden, so muß man erst den räumlichen Befund darlegen, sodann die Prinzipien, die für die Raumordnungspolitik zu gelten haben, aus beiden sind dann die Vorschläge abzuleiten. Dieses Kapitel ist, worauf ich in anderem Zusammenhang hingewiesen habe[9]), noch keineswegs endgültig. Es konnte dies auch nicht sein; da ja nicht, so wie bei der Darstellung der räumlichen Ordnung, eine große, auch die

---

[9]) Erich *Dittrich*, Raumordnung und Leitbild. Schriftenreihe des Instituts für Städtebau, Raumplanung und Raumordnung an der Technischen Hochschule in Wien, Heft 2. Wien, 1962, S. 17/18.

Einzelheiten umfassende Literatur vorlag. Es kam vielmehr, wiederum im Hinblick auf die besondere Aufgabe des Sachverständigenausschusses, darauf an, nach einer grundsätzlichen Feststellung, was das Leitbild sein sollte, seine Bedeutung an wichtigen Einzelbeispielen in der Raumordnung aufzuzeigen. Damit sollte aber auch der Verwirrung der Diskussionen, die aus einer willkürlichen, oft gedankenlosen Verwendung des Wortes ‚Leitbild‘ in der Raumordnung entstanden war, Einhalt geboten werden. Das Sachverständigengutachten über die Raumordnung in der Bundesrepublik Deutschland hält sich streng an den *Leitbildbegriff*, wie er zuerst in die Fachdiskussion eingeführt worden war[10]). Damit modifizierte es allerdings seinen Auftrag; denn die Vorstellungen des Auftraggebers über das Leitbild waren doch andere, da sie die Folgerungen, nämlich die aus dem Leitbild zu entnehmenden Richtlinien für die raumordnungspolitische Praxis, als das Leitbild ansahen. Aber mit der Hervorhebung dieses Unterschiedes konnte erst der eigentliche Charakter des Leitbildes klar herausgestellt werden.

Waren es also Auseinandersetzungen mit dem Auftraggeber, d. h. mit der Praxis, die inhaltlich dem Leitbildkapitel des Sachverständigengutachtens wesentlich seine Richtung gaben, so ist doch damit auch eine wissenschaftliche Position bezogen worden. Sie liegt vor allem in der *Definition des Leitbildes aus der Gesellschaftspolitik.*

3. Raumordnungspolitik

An das Leitbildkapitel, das schon von dem gestellten Auftrag her eine zentrale Stellung im Sachverständigengutachten einnimmt, schließt sich dann folgerichtig der dritte, die Raumordnungspolitik behandelnde Teil. Hierfür lag wieder, ähnlich wie beim ersten, die räumliche Ordnung untersuchenden Teil, eine umfangreiche Literatur vor. Das Sachverständigengutachten stellt einen „Allgemeinen Teil“ voran, in dem es den Übergang vom Leitbild zur Raumordnungspolitik behandelt. Es wird zuerst Grundsätzliches zur Raumordnungspolitik als ausgleichender Staatsfunktion gesagt, dann die für die Diskussion unter den besonderen deutschen Verhältnissen in Politik und Wirtschaftspolitik wichtige Beziehung von Raumordnung und sozialer Marktwirtschaft erörtert, anschließend das Verhältnis zum Finanzausgleich und die Schwierigkeiten der bisherigen Raumordnungspolitik besprochen. Diese Partien bilden eine Einleitung zu den folgenden, noch zu den grundsätzlichen Erörterungen gehörenden Ausführungen über Richtlinien der Raumordnungspolitik. Sie nehmen aber zum Teil, was nicht vergessen werden sollte, auch bereits früher im Sachverständigengutachten geäußerte Gedanken über die Berechtigung zur Raumordnung wieder auf. Erst dann folgen in einem neuen Kapitel ausführliche Erörterungen über die Maßnahmen der Raumordnungspolitik im einzelnen: gezielte raumpolitische Aktionen, insbesondere „regionale Wirtschaftsförderung“; raumordnungspolitische Beeinflussung von Sachbereichen; Ausgleich des Leistungsgefälles; Raumplanung; Gegenwartsaufgaben der Raumordnungspolitik des Bundes. Die Bezeichnung „raumpolitisch“ bei den gezielten Aktionen ist zweifellos ein Lapsus. Es muß auch hier in der Terminologie des Sachverständigengutachtens „raumordnungspolitisch“ heißen.

Von der Aufgabe, wie sie von den Sachverständigen gesehen wurde, war also der

---

[10]) Es soll hier nicht auf die Einführung des Leitbildbegriffes in die Diskussionen zur Raumordnung eingegangen werden. Ich habe eine Darstellung dieser Frage gegeben in meiner oben zitierten Schrift „Raumordnung und Leitbild“, auf die hiermit verwiesen wird. Daselbst auch Literaturangaben.

hier skizzierte Aufbau des Gutachtens in sich begründet. Wie steht es nun mit seiner Systematik in wissenschaftlicher Hinsicht, mit seinem Beitrag für die Raumforschung?

IV. Systematik des Sachverständigengutachtens

Zunächst wird man wohl überhaupt prüfen müssen, welcher oder welchen Wissenschaften beim Aufbau des Sachverständigengutachtens die entscheidende oder, wenn dies zu weit gegriffen sein sollte, die wesentlich mitbestimmende Rolle zugekommen ist, welchen Wissenschaften damit eine konstituierende Rolle für die Raumforschung zukommt.

Wohl jedem unvoreingenommenen Leser des Sachverständigengutachtens wird der Eindruck bleiben, daß die wesentlich mitbestimmende Rolle den *Wirtschaftswissenschaften* zugefallen ist. Die Konfrontation der Wirtschaftswissenschaften mit der räumlichen Wirklichkeit und ihren Problemen zieht sich wie ein roter Faden von Anfang bis Ende des Sachverständigengutachtens. Es wäre wohl zu einfach, wollte man sich diesem Charakter aus der personellen Zusammensetzung des Sachverständigenkreises erklären. Sicherlich waren unter den Sachverständigen die Vertreter nationalökonomischer Herkunft die stärkste Gruppe, aber sie machten nicht die Hälfte der Mitglieder aus. Eine Majorisierung der anderen Mitglieder war schon damit ausgeschlossen, ganz abgesehen davon, daß sie nie versucht wurde. Zudem hätte eine Minderheit jederzeit die Möglichkeit gehabt, durch ein Minderheitsgutachten ihre abweichende Stellungnahme kundzutun. Auch dies ist nicht erfolgt. Es bestand also über die Anlage und Ausführung des Sachverständigengutachtens bei allen Mitgliedern Einigkeit.

Eher könnte man von einer anderen Seite zu einer Erklärung der vorwaltenden Stellung der Wirtschaftswissenschaften kommen, nämlich wenn man herausstellt, daß die Mehrheit der Mitglieder des Sachverständigenausschusses eine besonders enge Beziehung zur Praxis der Raumordnung besaß, sei es nun, daß sie von ihren ministeriellen Stellen oder ihrer Arbeit in Landesplanungszentralen unmittelbar in der Praxis eingeschaltet waren, sei es, daß sie in ihrer wissenschaftlichen Tätigkeit der Praxis besonders verpflichtet waren. Mir scheint, daß man diese Gesichtspunkte vor allem bei der Beurteilung des Sachverständigengutachtens in diesen wissenschaftstheoretischen Beziehungen berücksichtigen sollte, und wenn man dies tut, dann eröffnet sich eine ganz andere Perspektive für die Beantwortung der gestellten Frage. Es ist dann nicht die Herkunft aus der Nationalökonomie, also ein recht persönliches Moment, sondern die *Beziehung zur Praxis*, also ein sachliches Moment, aus der sich jener Charakter des Sachverständigengutachtens erklärt.

Die Praxis, also die Raumordnungspolitik, hat demnach die Bevorzugung der Wirtschaftswissenschaften bzw. der wirtschaftswissenschaftlichen Denkweise im Sachverständigengutachten entscheidend bestimmt. Sieht man sich daraufhin an, was in dem Kapitel über Maßnahmen der Raumordnungspolitik behandelt wird, so sind es gezielte Maßnahmen wie besonders die regionale Wirtschaftsförderung, ferner raumordnungspolitische Beeinflussung von Sachbereichen wie Strukturumbau, Regelung des Wohnungswesens, Einflußnahme auf Kosten und Erlösverhältnisse beim Standort von privaten Erwerbsbetrieben, Einflußnahme über direkte Staatswirksamkeit. Weiterhin gehört der gesamte Komplex des Finanzausgleichs dazu. Das sind alles eminent wirtschafts- und finanzpolitische Fragen, die in ihrer Beziehung zum Raum hier zur Diskussion gestellt worden sind.

Aber es muß dabei noch ein weiteres einschränkendes Moment berücksichtigt werden. Sicherlich würde das Sachverständigengutachten anders aussehen, wenn es vor allem die Gemeindeplanung und dann die Planung von kleineren Regionen bis hin zur Planung des einzelnen Bundeslandes viel stärker in den Vordergrund gerückt hätte. Das lag aber nicht in dem Auftrag. Die Sachverständigen sollten ein Gutachten für die Bundesregierung erarbeiten, und hierfür mußten sie sich in etwa an die Kompetenzverteilung zwischen Bund, Ländern und Gemeinden und an die planerischen Möglichkeiten der einzelnen Stufen halten. Sie konnten zwar diese Kompetenzverteilung nicht bis ins letzte einhalten. Gerade weil sie sich viel stärker in wissenschaftliche Fragen vertiefen mußten, als vielleicht der Auftraggeber gedacht hatte, war jene Verwaltungsschranke nicht immer und überall einzuhalten. Aber geltend machte sie sich doch. Man muß diese Situation sehen. Sie ist stets bei Gutachten dieser Art gegeben. Aus der Mitarbeit im sog. *Luther-Ausschuß*, der sich mit der Neugliederung des Bundesgebietes gemäß Art. 29 GG zu beschäftigen hatte, ist mir bekannt, hier aus innerpolitischen Gründen besonders heikel, daß es sehr streng untersagt wurde, sich über die Neugliederung der Bundesländer hinaus auch über die innere Verwaltungsgliederung der Regierungsbezirke und Kreise zu verbreiten, obwohl doch die Möglichkeit stets gegeben war, daß eine Neugliederung der Länder auch den Bezirks- und Kreisaufbau erheblich berühren oder durcheinanderbringen könnte und man auch diese Konsequenzen im ganzen Umfang in die Überlegungen einbeziehen sollte. Man wachte in diesem Falle sehr genau darüber, daß sich der Luther-Ausschuß nicht von dem durch Art. 29 GG vorgezeichneten Pfade der Länderneugliederung abwandte bzw. eine kleine Exkursion in die innergebietliche Neuordnung der Bezirke und Kreise unternahm.

Der Sachverständigenausschuß für die Raumordnung ist nicht in eine so strenge Zucht genommen worden. Aber er hat in dem Gutachten an einer Stelle etwas ausgesagt, was für das Verständnis der hier aufgeworfenen Frage wichtig ist. In seinen Ausführungen über organisatorische Maßnahmen im Abschnitt über die Raumplanung wird zur inneren Gliederung der Raumordnungsstellen gesagt, daß auf der Bundesstufe der Schwerpunkt in materieller Hinsicht beim Volkswirt, in rechtlich-organisatorischer Hinsicht beim Juristen liege[11]. Das ist auch der Schlüssel zum Verständnis des Sachverständigengutachtens. Denn in den anderen Stufen verschieben sich die Beziehungen, und *für die Stufen der Stadt- und Regionalplanung wird ausdrücklich der Vorrang des Technikers betont.* Von dieser personalpolitischen Seite in die sachliche Ebene herübergenommen heißt dies, daß die raumordnungspolitischen Aufgaben, die für den Bund gegeben sind, in erster Linie die Wirtschafts- und Sozialwissenschaften und die Jurisprudenz angehen.

Zieht man aus diesen Fakten die Schlußfolgerung für die Raumforschung, so kann man mit allem Vorbehalt sagen, daß die Rolle der Wirtschaftswissenschaften für die Raumforschung bei der Beurteilung des Sachverständigengutachtens in diesem stärker in den Vordergrund tritt, als es dem Gesamtkomplex der Raumforschung entspricht, weil sich das Gutachten der Probleme immer zuerst im Hinblick auf den Bund annimmt. Die Lektüre des dritten Teiles des Sachverständigengutachtens, der von der Raumordnungspolitik handelt, macht dies ganz evident.

Aber das Sachverständigengutachten beginnt seine fachlichen Erörterungen im ersten

---

[11]) Die Raumordnung in der Bundesrepublik Deutschland. A. a. O., S. 133.

Teil, der die räumliche Ordnung behandelt, mit einer knappen Darstellung der naturräumlichen Voraussetzungen, d. h. also von der Wissenschaft her gesehen, daß die Geographie gewissermaßen erst die Bühne aufschlägt, auf der dann das Schauspiel sich entfalten soll. Auch dies verdient festgehalten zu werden. Von dieser Sicht aus ist es dann verständlich, daß die naturräumlichen Voraussetzungen und Gliederungen vorangestellt werden: Klima, Boden, Relief, „die, von Ort zu Ort verschieden, hier nur karge Lebensgrundlagen bieten und dort Quellen des Reichtums sind. Die naturgegebenen Gegensätze können durch technische, wirtschaftliche und soziale Maßnahmen niemals ganz ausgeglichen werden."[12])

Mit diesen Formulierungen wird aber zugleich das *Verhältnis von Raumforschung und Geographie* berührt. Von vornherein ist festzuhalten: mit diesen beiden Bezeichnungen ist nicht eine einzige Disziplin gemeint. Raumforschung und Geographie sind nicht identisch, das geht aus den Darstellungen des Sachverständigengutachtens klar hervor. Man hat, ausgehend von dem Begriff ‚Raum' dies wohl oft gemeint und dann argumentiert, daß die Geographie die Raumwissenschaft sei, wogegen nichts eingewendet werden kann, und demzufolge die Raumforschung ein Teil der Geographie, angewandte Geographie wäre. Wenn man den Darlegungen des Sachverständigengutachtens folgt — und sie erscheinen doch nicht zuletzt durch die Fülle der Beispiele durchaus überzeugend — so kann man dieser Auffassung nicht beipflichten. *Ebensowenig wie die Raumforschung, auch bei voller Anerkennung des oben Gesagten, nicht Wirtschaftswissenschaft ist, ebensowenig ist sie Geographie.*

Das Sachverständigengutachten hat keine Animosität gegen die Geographie. Geographen von Rang und Namen haben dem Sachverständigenausschuß angehört und mit den Vertretern anderer Disziplinen förderlich zusammengearbeitet. In seinen Ausführungen über die innere Gliederung der Raumordnungsstellen hat der Sachverständigenausschuß versucht, dem Geographen seine Stellung im Aufbau der Dienststellen zuzuweisen. Es wäre auch ebenso ungerecht wie töricht, die sehr große Hilfe der Geographie wegzuwischen, die sie vor allem beim Aufbau der Raumforschung und auch der Raumordnungspolitik einstmals geleistet hat und die auch weiterhin nicht entbehrt werden kann. Und es kann auch gerade im Hinblick auf die Präponderanz der Wirtschaftswissenschaften im Sachverständigengutachten nicht verschwiegen werden, daß von Seiten der Geographie der Raumforschung doch wohl mehr Aufmerksamkeit gewidmet wird als von Seiten der Wirtschaftswissenschaften. Die vorherrschenden Richtungen der Wirtschaftswissenschaften, nämlich die neoliberale Schule und die Ökonometrik, sind, Ausnahmen bestätigen nur die Regel, den Anliegen der Raumforschung weniger aufgeschlossen und zugetan.

Dennoch bleibt bei einer nachdenklichen Lektüre und Prüfung des Sachverständigengutachtens der Eindruck zurück, daß die Raumforschung in den Rahmen der politischen Wissenschaften gehört, ein Teil des Gesamtkomplexes der politischen Wissenschaft ist, und gerade dies ist die Geographie nicht. Daran ändert auch nichts, daß man neuerdings in den Lehrplänen für die oberen Klassen der höheren Schulen Geographie, Geschichte und Staatsbürgerkunde zur politischen Gemeinschaftskunde zusammengefaßt hat. Abgesehen davon, daß man mit dieser etwas gewaltsamen Kombination der Geographie keinen guten Dienst getan, sie vielmehr in ihrem Wesen angetastet hat, zur politischen Wissenschaft ist sie damit auch nicht geworden,

---

[12]) Die Raumordnung in der Bundesrepublik Deutschland. A. a. O., S. 13.

allenfalls zu einer Hilfsdisziplin. Dafür sind aber wieder Vorstellungswelten berührt worden, die der ehemaligen Geopolitik nahe kommen, und dies kann wohl kaum im Interesse der Geographie liegen.

Die Begründungen für unsere Überlegungen über die Systematik der Raumforschung müssen, immer im Rahmen des Sachverständigengutachtens bleibend, etwas weiter ausgeführt werden. Dabei ist von der Raumordnung und Raumordnungspolitik auszugehen. Hier liegt der Motor, der auch die Raumforschung in Bewegung gesetzt hat. Das letztere ist, das wurde schon angedeutet, allerdings nicht so zu verstehen, als ob die Raumforschung lediglich Betriebsstoff für den Motor Raumordnungspolitik zu liefern hätte. Solche Situationen haben sich wohl am Anfang vieler Wissenschaften, auch der Raumforschung, ergeben, aber darüber ist sie längst hinaus. Sie ist nicht die Magd der Landesplanung. Vielmehr sind Raumordnung und Raumordnungspolitik diejenigen Momente gewesen, die durch ihre Fragen überhaupt erst einen Komplex von Tatsachen und Beziehungen, von sozialen und ökonomischen Zusammenhängen in räumlicher Verknüpfung in das Bewußtsein der Öffentlichkeit und des wissenschaftlichen Nachdenkens gerückt haben. Damit, und nicht durch einzelne Anforderungen von Gutachten zu Spezialthemen, haben sie das wissenschaftliche Feld der Raumforschung im Großen abgesteckt und zu seiner Bearbeitung aufgerufen. Dieser Aufruf war sowohl für den Veranlasser als auch für den Adressaten umso schwieriger, als er Ressortschranken wie Grenzen der Fachdisziplinen niederlegen mußte.

Das Sachverständigengutachten faßt die Raumordnung als eine normative Kategorie und weist ihr damit ihren Platz in der Politik, genauer in der Gesellschaftspolitik zu. Diese Normen schlagen sich im Leitbild nieder. Das Sachverständigengutachten versucht, wesentliche Stücke dieses Leitbildes zu formulieren. Wenn man es genau nimmt, formuliert es Stücke des Leitbildes der sozialen Raumordnung als Ausdruck unserer Zeit; diese Formulierung „Leitbild der sozialen Raumordnung" hätte das Gutachten eigentlich wählen sollen. Das Sachverständigengutachten will in seinem Leitbildteil sagen, daß es gewisse gesellschaftspolitische Vorstellung und Forderungen sind, die zu ihrer Verwirklichung drängen, die dann im Wege der Raumordnungspolitik mit mehr oder minder großem Erfolg sich auch vollzieht. Damit ist aber gesagt, daß es nicht der Raum ist, der den Anlaß darstellt, sondern die sich wandelnden gesellschaftspolitischen Vorstellungen. Die Raumordnung wird in den geschichtlichen Prozeß hineingestellt.

Man wird gut tun, den Begriff ‚Gesellschaftspolitik' hierbei nicht zu eng zu fassen. Wenn man ihn in diesem Zusammenhang verwendet und sich nicht einfach mit dem Begriff ‚Politik' begnügt, dann vor allem deshalb, weil man mit dem Zusatz des Gesellschaftlichen Vorgänge mit einbeziehen will, an die man sonst üblicherweise nicht denkt, wenn von Politik die Rede ist. Darum ist eine Ergänzung notwendig. Aber auch dann wird man mancherorts noch sagen müssen, daß der Begriff des ‚Gesellschaftspolitischen' nicht restlos befriedigt, da er wohl das Wesentliche, aber nicht alles trifft.

Die Unterscheidung eines Leitbildes der *liberalen* Raumordnung von einem der *sozialen* Raumordnung weist auf jene Bezüge hin, die wohl zuletzt ihren Niederschlag in einem verschiedenen Stil der Politik gefunden haben, die aber doch noch eine Fülle anderer Beziehungen mit sich bringen, deren man sich bei bloßer Nennung des Politikbegriffes nicht ohne weiteres erinnert.

Wenn aber die gesellschaftspolitischen Wandlungen und Entwicklungen in dem Ausdruck des jeweiligen Leitbildes bestimmend für Raumordnung und Raumordnungspolitik sind, so wird man daraus die weitere Folgerung ziehen, daß sich primär diese gesellschaftspolitischen Wandlungen und Entwicklungen in den einzelnen Lebensbereichen auswirken, also im sozialen Leben, im Wirtschaftsleben mit allen seinen Verzweigungen, in der Entwicklung des Rechts, in Gebräuchen und Moden usw. Diese Feststellung ist wesentlich. Sie wird zwar im Sachverständigengutachten nicht in dieser Schärfe ausgesprochen, aber das Gutachten ist von dieser Auffassung getragen.

Der Tenor des Sachverständigengutachtens legt es vielmehr nahe, diesen Fragen von der Seite der Praxis näherzutreten. Dann hat man davon auszugehen, daß primär die Sachaufgaben der einzelnen Fachressorts gegeben sind. Sie haben sich beispielsweise mit den Strukturwandlungen im Agrarsektor, mit den Wandlungen in Inhalt und Richtung des Welthandels, mit den Nachfrageverschiebungen im Energiebereich usw. zu befassen. Diese Vorgänge haben ihre eigenen Ursprünge und Motive, ihre eigenen Gesetze und in der Entwicklung ihr verschiedenes Tempo und ihre verschiedenen Erfolge. Aber zunächst sind sie innerhalb ihres Sachbereiches zu verstehen.

Der Ansatzpunkt für Raumordnung, Raumordnungspolitik und Raumforschung ist dann, daß alle jene Vorgänge auch ihren räumlichen Bezug haben. Sie vollziehen sich nicht im luftleeren Raum, sondern sie sind auf konkrete Flächen, deren naturräumliche Voraussetzungen: Klima, Boden, Relief sowie auf deren rechtliche Bindungen bezogen. Und diese konkreten Flächen sind, vor allem im Hinblick auf die gestellten Anforderungen, knapp, nicht beliebig vermehrbar. Bodenbeschaffenheit, Bodenrecht, Bodenknappheit in ihrem Konflikt mit den gesellschaftspolitischen Forderungen sind somit die Ansatzpunkte für Raumordnung, Raumordnungspolitik und Raumforschung.

Vor allem in dem Zusammenstoß von Anforderungen mit knappem Raum ist der Ansatzpunkt der Raumordnung gegeben, wobei die Knappheit durch Bodenrecht und Bodenbeschaffenheit in ihrer beherrschenden Wirkung gesteigert bzw. in ihre für die Raumordnungspolitik wesentliche Erscheinung gebracht wird. Nun muß ein Ausgleich gefunden, müssen die Interessen mit Prioritäten versehen werden, muß eine Ordnung in die Ansprüche und Pläne gebracht werden. Für diese Ordnung muß man eine allgemeine Orientierung, ein Leitbild haben; denn ordnen kann man nur, wenn man eine Ordnungsvorstellung hat. Für die Verwirklichung dieser Ordnung bieten sich dann viele Möglichkeiten je nach Leitbild und dem gegebenen Staatsaufbau und Verwaltungsstruktur an, und die Gesamtheit der Maßnahmen wird, weil sie hoheitlicher Natur sind, als Raumordnungspolitik bezeichnet.

Die Raumordnungspolitik hat also ihren Ausgangspunkt in Maßnahmen der einzelnen Sachgebiete. Wenn man es so sagen kann: Ausgangspunkt sind die Fachmaßnahmen und die Fachplanung. Darin liegt der große Fortschritt, den die moderne Verwaltung seit Ende des 18. Jahrhunderts eingeschlagen hat, sich in Fachressorts zu gliedern. An diesem Aufbau kann man vernünftigerweise nicht rütteln. Das bedeutet aber, daß in dem Denken dieser Fachressorts primär der Fachgesichtspunkt den Vorrang hat. Diese Tatsache hat für die Raumordnungspolitik den Ausgang zu bilden.

Alle fachlichen Maßnahmen haben ihre räumlichen Auswirkungen. Hier setzt die *Raumordnungspolitik* ein. Diese räumlichen Auswirkungen können gewollt, sie kön-

nen aber auch ungewollt sein; denn das Fachressort denkt ja zuerst nicht an sie.
Aber immer wird man auch dann, wenn sich die Raumordnungspolitik in die fachlichen Maßnahmen einschaltet, sie bewußt zu ihren Instrumenten machen will, berücksichtigen müssen, daß der räumliche Aspekt einer unter anderen ist, welche die
Politik zu beachten hat, und daß es Entscheidungen geben kann, in denen er aus
gesamtpolitischer Würdigung gegenüber anderen Aspekten oder aus vorrangigem
Fachinteresse zurückzutreten hat.

Genug davon: es ist nicht die Absicht, diese Fragen, die immer aktuell sein werden,
solange es Staaten gibt, die ihre Politik im Streit und Ausgleich der Interessen führen müssen, bis ins einzelne zu erörtern. Der Ausgangspunkt dieser Überlegungen
war ein anderer, nämlich den Charakter der Raumforschung als Teil der politischen
Wissenschaften nachzuweisen; denn räumliche Ordnung, Leitbild, Raumordnungspolitik sind Objekt der Raumforschung.

Insofern hat das Sachverständigengutachten zur Klärung dieser Fragen wesentlich
beigetragen. Es bleibt natürlich noch die Frage, ob mit diesen drei Komplexen das
Objekt der Raumforschung im Detail erschöpfend umschrieben ist. Diese Frage soll
dahingestellt bleiben, da hier nur vom Beitrag des Sachverständigengutachtens ausgegangen werden soll. Immerhin gibt die Bemerkung, daß das Sachverständigengutachten die Raumordnungspolitik vom Standpunkt des Bundes aus behandelt hat,
und daß dabei manches außer acht gelassen wurde, einen Hinweis auch für die
Raumforschung. Wenn aber danach das Sachverständigengutachten Lücken gelassen
haben mag, die Systematik dürfte davon wohl am wenigsten berührt worden sein.
Allerdings wird man dazu wohl die Erläuterung machen müssen, daß man einer
solchen dreigeteilten Systematik nur folgen kann, sofern man die Raumforschung als
eine historisch bestimmte Disziplin betrachtet. Diese Voraussetzung wurde gemacht mit
der Einführung des Leitbildes, das als im Wandel der gesellschaftspolitischen Vorstellungen und Zielsetzungen befindlich begriffen worden ist.

Es könnte der Einwand erhoben werden, daß man dann die Systematik umstellen
und zuerst das Leitbild abhandeln müßte; denn schließlich habe eine Darstellung
der räumlichen Ordnung auch das Leitbild in seinen jeweiligen Erscheinungen mitzudenken. Dies ist einzuräumen, jedoch mit dem Zusatz, daß der Einwand für alle
Teile gilt und sich somit selbst aufhebt. Das Leitbild ist immer mitzudenken.

Dann aber ergibt sich eine in sich geschlossene Systematik, die im ersten Teil die
Bausteine zusammenträgt, im zweiten den Ordnungsplan enthält und im dritten
die Anwendung desselben behandelt.

ZUSAMMENFASSUNG

Versucht man abschließend, aus den drei Hauptteilen des Sachverständigengutachtens
und dem für jeden einzelnen angesprochenen wissenschaftlichen Objekt die wissenschaftliche Aufgabe und ihre Stellung im System der Wissenschaften herauszupräpa-
rieren, so wird man vorerst bei aller Berücksichtigung der besprochenen Präponderanz
der Sozial- und Wirtschaftswissenschaften zu dem Schluß kommen, daß die Raumforschung keine Grundwissenschaft im strengen Sinne ist und auch nicht sein
kann, eine Grundwissenschaft etwa wie sie die Mathematik oder die einzelnen Sprach-
wissenschaften sind. Die Raumforschung teilt diese Eigenschaft, keine Grundwissenschaft zu sein, mit der Geographie und der Geschichte, zu denen sie ja auch in einem

eigenen Verhältnis steht. Sie sind jeweils in besonderer Eigenart von Raum oder
Zeit oder beiden bestimmt, nicht aber von einem Sachobjekt.

Ich habe früher versucht, die Raumforschung als eine Kooperation von Einzelwissenschaften zu erläutern[13]). Mir scheint aber, daß eine solche Bezeichnung mehr den
Arbeitsgang, das team-work, zum Ausdruck bringt. Um was es geht, ist nach dem
bisher Dargelegten doch wohl dies: *das Objekt der Raumforschung ist so komplex,
daß es von einer Einzeldisziplin nicht vollständig erfaßt werden kann.* Zu seiner
Bearbeitung sind mehrere Einzeldisziplinen verpflichtet. Aber sie sind wiederum
nicht so verpflichtet, daß jeweils die Einzeldisziplin in ihrer Ganzheit in Anspruch
genommen wird, sondern es sind bestimmte Teile der Disziplin, die von dem Objekt
der Raumforschung angesprochen werden. Das zeigt das Sachverständigengutachten
ganz deutlich.

Das Wesentliche dieser Teilbeanspruchung der Einzeldisziplinen liegt aber nun
darin, daß sie nicht isoliert bestehen kann, nicht einfach addiert wird, sondern mit
den Teilen der anderen Disziplinen verschmilzt und erst in der Verbindung aller
ihre rechte Aussagekraft erhält. Diese Eigenart der Raumforschung ist nach dem
Dargelegten durchaus verständlich, da ihr Objekt nicht isoliert fachlich bestimmbar
ist, sondern von dem Raum zusammengehalten wird.

Jene Verbindung der teilbeanspruchten Einzeldisziplinen, wie sie oben genannt
wurde, muß in ihrer Bedeutung herausgehoben werden. Es scheint wesentlich, daß
sie keine einfache Summierung darstellt. Es ist nicht so, daß die einzelwissenschaftlichen Ergebnisse bloß nebeneinandergestellt zu werden brauchen, um zu einem
aussagekräftigen Gesamtergebnis zu kommen. Man kann Ergebnisse der Geographie
nicht unvermittelt neben solche der Soziologie oder der Wirtschaftswissenschaften
stellen. Das gibt kein Resultat.

Wie das Leben im Raum sich als Ganzes darstellt, in das die einzelnen Äußerungen
eingegangen sind, so muß auch die Aussage der Raumforschung ein Ganzes sein,
die in sich die einzelwissenschaftlichen Aussagen integriert hat.

Aus dieser Integration folgt aber auch, daß sie auf die einzelwissenschaftliche Fragestellung und Aussage zurückwirkt. Die Fragestellung an die einzelne Disziplin wird
nicht mehr allein aus der Problematik dieser Einzeldisziplin bestimmt werden, sondern von der Verbindung mit den Fragestellungen der anderen mitwirkenden Einzeldisziplinen. In der Hauptsache wird es auf ein Aufeinanderwirken der wirtschafts-
und sozialwissenschaftlichen Disziplinen mit der Geographie herauskommen, wobei
die Fragen von den ersteren als gesellschaftspolitisch bezogenen Disziplinen ausgehen
werden. Dies gilt vor allem im System für den Teil der räumlichen Ordnung, also
der wissenschaftlichen Bestandsaufnahme, während im dritten Teil des Systems, in
der Raumordnungspolitik, die wirtschafts- und sozialwissenschaftlichen Disziplinen
stärker mit der Verwaltungswissenschaft und der Rechtswissenschaft überhaupt ins
Gespräch kommen.

So entsteht aus diesen Wechselbeziehungen das, was nunmehr berechtigt, von einer
Wissenschaft der Raumforschung zu sprechen. Sie ist also keine Summe der Einzel-
wissenschaften, sie ist etwas Neues. Zweifellos ist die Raumforschung noch in der
Entwicklung und daher im Kreise der Wissenschaften noch nicht profiliert genug.
Diese Profilierung vollzieht sich, wenn man an die Anfänge zurückdenkt, in einer

---

[13]) Erich *Dittrich*, Zur Einführung. In: Bibliographischer Index und Literaturbericht des Instituts
für Raumforschung. Bad Godesberg, Heft 1, Juli 1951. S. I.

zunehmenden Konzentration und Selbstbeschränkung, in einem Abstoßen von Randgebieten. Sie gibt den verschiedenen Einzeldisziplinen Teile zurück, die sie anfänglich für sich allein oder wesentlich mitbeansprucht hat. Diese Lösung vollzieht sich einmal deutlich, wenn die Untersuchungsobjekte Städtebau und Stadtplanung geprüft werden. Aber sie vollzieht sich gerade im Verhältnis von Raumforschung und Geographie. Die Raumforschung verfügt aus allen diesen Gründen noch nicht über einen so großen Schatz von Methoden und Erkenntnissen wie alte, reife Disziplinen. Welchen Ertrag gibt das Sachverständigengutachten für diese Überlegungen her? Der erste Teil, die räumliche Ordnung behandelnd, ist weder eine Wirtschaftsgeographie noch eine historische Darstellung der wirtschaftlichen und sozialen Zustände in Deutschland seit dem Beginn der modernen Industrialisierung, obwohl beides in ihm enthalten ist, aber es ist eingeschmolzen in eine theoretischen Darstellung, die in vielem bewußt Modellcharakter trägt, und ihre Ausrichtung von dem zentralen Teil der Raumordnung und ihrem Leitbild erhält.

Eine wirtschaftsgeographische Darstellung würde viel umfassender sein müssen, als es die Darstellung der räumlichen Ordnung im Sachverständigengutachten ist. Sie hätte eine Reihe von Momenten berücksichtigen müssen, welche die Raumforschung entbehren kann. Daß also der wirtschaftsgeographische Teil in dieser Bestandsaufnahme der räumlichen Ordnung nicht breiter geraten ist, liegt nicht daran, daß der Umfang aus äußeren Gründen begrenzt worden wäre. Dieser Teil des Gutachtens konnte nicht zu einem Kompendium der Wirtschaftsgeographie Deutschland ausgestaltet werden. Aber der erste Teil ist auch vom Standpunkt der Wirtschaftsgeschichte Deutschlands nicht umfassend. Auch hier kann der Wirtschaftshistoriker, ähnlich wie der Wirtschaftsgeograph, aussetzen, daß vieles fehlt, was nach seiner Auffassung in einer Wirtschaftsgeschichte eine Berücksichtigung verdient hätte. Keiner der Mitarbeiter des Sachverständigengutachtens wird beiden hierin widersprechen. Aber man wird erwidern, daß eine Kritik in dieser Richtung sich außerhalb des Aufgabenkreises des Sachverständigenausschusses bewege und auch außerhalb des Bereiches der Raumforschung liege.

Aber auch der Wirtschaftswissenschaftler und der Soziologe müssen es sich gefallen lassen, daß aus ihrem wissenschaftlichen Fundus eine Auswahl getroffen wird, die, wie schon eingangs gesagt wurde, von Vorstellungen gesellschaftspolitischer Art, vom Leitbild vor allem bestimmt wird.

So kommt man durch die Vermittlung der einzelwissenschaftlichen Ergebnisse zu neuen Vorstellungen und Begriffen bzw. Begriffe aus einem einzelwissenschaftlichen Bereich werden mit Inhalt aus anderen Einzelwissenschaften angereichert. Begriffe wie Revierferne oder der so heiß umstrittene Begriff der Ballung tragen einen ursprünglich geographischen Charakter. Sie sind in diesem Sinne Begriffe, die einen Zustand, etwa die Luftlinienentfernung oder die Häufung von Gebäuden oder Menschen in einem konkreten Raum, bezeichnen sollen. Von dieser Vorstellung geht man zunächst auch bei der Darstellung der räumlichen Ordnung aus. Aber schon bei diesem Vorgang erhalten diese Begriffe bald einen dynamischen Charakter, einen Akzent von der Leitbildvorstellung her, um in der Raumordnungspolitik zu politisch charakterisierten Begriffen zu werden, die dann das Schicksal aller derartigen Begriffe erleiden, in der tagespolitischen Diskussion mit erheblicher Brisanz verwendet und verschlissen zu werden.

In dem Durchlaufen der Systematik „räumliche Ordnung", „Leitbild", „Raumordnungspolitik" sind aber diese Begriffe wissenschaftlich faßbar und in ihrer Bedeutungsanreicherung verständlich. Das Sachverständigengutachten über die Raumordnung in der Bundesrepublik Deutschland läßt diese Vorgänge verschiedentlich beispielhaft erkennen.

Es mag vielleicht als eine sonderbare Art der Huldigung empfunden werden, wenn einem Geographen, der sich in Forschung und Lehre von den Anfängen an der Raumforschung verpflichtet gefühlt hat, ein Beitrag gewidmet wird, der scheinbar so wenig seinem Fache verbunden ist. Aber dies wäre doch wohl ein Trugschluß. Daß Raumforschung und Geographie ihre besonderen Beziehungen haben, ist hier mehrfach und deutlich ausgesprochen worden. Sollen sie fruchtbar gestaltet werden, so muß die Geographie wissen, wessen sie sich von der Raumforschung zu versehen hat; denn diese, als die jüngere ist verpflichtet, ihre Art und Aufgabe genau zu bestimmen. Je klarer sie dies tut — und diese Ausführungen sind auch nur ein Versuch — um so besser für die wechselseitigen Beziehungen, deren Grenzen zuerst zu bestimmen sind. Die Raumforschung hat, wenn sie ihre Aufgabe richtig erfaßt, eine Fülle von Fragen zu stellen, und die Geographie sollte prüfen, wie weit sie imstande ist, ihr zu antworten. Daß dies möglich ist, dafür bietet die wissenschaftliche Persönlichkeit, der diese Überlegungen gewidmet sind, den schlüssigen Beweis.

PAUL BERNECKER

Geographie und Fremdenverkehr

Die wissenschaftliche Befassung mit dem Phänomen Fremdenverkehr ist relativ jung. Wenn auch die Ansätze hiezu bereits im letzten Drittel des vorigen Jahrhunderts feststellbar sind, so kann man von einer planmäßigen Entwicklung der Grundlagenforschung und der Auswirkung ihrer Ergebnisse zu einem System der Fremdenverkehrslehre erst ab den Dreißigerjahren unseres Jahrhunderts sprechen. War es zuerst die nationalökonomische Betrachtung, die der neuen Forschungsaufgabe Richtung und Gehalt gab, so folgte in größerem Abstand die Betriebswirtschaftslehre, die in der strukturellen und betrieblichen Eigenart der speziellen Fremdenverkehrsbetriebe ihren Aufgabenbereich fand. Soziologie, Psychologie und schließlich sogar Medizin und Technik waren weitere Wissensgebiete, die sich ihrer wechselseitigen Beziehung zum Fremdenverkehr bewußt wurden und auch ihre Kräfte in den Dienst neuer Aufgaben stellten, die im Phänomen Fremdenverkehr offensichtlich geworden waren. Umso merkwürdiger scheint es, daß eine wissenschaftliche Disziplin, deren Zusammenhang mit dieser neuartigen Erscheinung des menschlichen Zusammenlebens eigentlich von deren Beginn an offenkundig war, und die aus dem Verhalten, den Zielen und Richtungsströmen der Fremdenverkehrsteilnehmer zu Beobachtungen und Forschungen nahezu gedrängt wurde, zunächst teilnahmslos abseits geblieben ist und bis heute eigentlich noch nicht recht versucht hat, die Fülle des empirischen Materials zu sichten, zu ordnen und in ein brauchbares System zu bringen. Diese Disziplin ist die Geographie. Man kann nicht sagen, daß sie als Gesamtkomplex keine Differenzierung ihres Wissensgebietes vorgenommen hätte, denn sie kennt als Anthropogeographie Unterteilungen in Siedlungsgeographie, Kulturgeographie, politische Geographie, Verkehrs-, Handels- und Wirtschaftsgeographie. Das Argument, daß Fremdenverkehr eine wirtschaftliche Erscheinung sei und demnach in seiner geographischen Betrachtung seinen Platz innerhalb der Wirtschaftsgeographie fände, ist nicht zutreffend, wie denn auch die Eingliederung der Fremdenverkehrslehre in die Wirtschaftswissenschaften nur Zweckmäßigkeitsüberlegungen folgt, inhaltlich aber nicht völlig gerechtfertigt erscheint. Aber auch im Rahmen der Verkehrsgeographie ist die Geographie des Fremdenverkehrs nicht erfaßt, denn sie ist eine Geographie von Gebieten; lediglich die Bewegung von Menschen in diese Gebiete kann innerhalb der Verkehrsgeographie als Personenverkehr behandelt werden.

Zu fast 80 v. H. ist das touristische Geschehen natur- und landschaftsbedingt. In der Massenhaftigkeit des Fremdenverkehrsablaufes, in seiner durch die Medizin betonten volksgesundheitlichen Funktion, aber selbst in seiner kulturellen und soziologischen Orientierung spielen die touristischen Ziele, oder wie Michele Troisi sie nennt: „Die freien touristischen Güter" (auch „Touristisches Kapital") eine sehr bestimmende Rolle. Der äußere Ablauf des Fremdenverkehrs, das Urlaubsverhalten, sind landschaftsbedingt und innerhalb des Fremdenverkehrs haben sich geographische Begriffe gebildet, die der wissenschaftlichen Fundierung harren; man spricht von einer „*Erholungslandschaft*", einer „*Sportlandschaft*", man sieht touristisch die „*Gebirgslandschaft, Küsten-* und *Seengebiete*, den *Wald als Fremdenverkehrsziel*, aber ebenso gehören Ebenen, ja selbst Wüstengebiete heute zum Begriff der „freien touristischen Güter". Es wäre somit für die Geographie ein weites Feld wissenschaftlicher Aufgaben offen, ein Feld, das dringend der Bearbeitung bedarf. Der Fremdenverkehr ist in seinem praktischen Ablauf ein eindeutiges wirtschaftliches Geschehen, in dem rational nicht erfaßbare Wünsche und Auslösemomente zu Ortsveränderungen führen, die ohne Leistungswidmung und Leistungsinanspruchnahme nicht möglich wären. In diesen wirtschaftlichen Leistungen einerseits und in der Massenhaftigkeit des touristischen Geschehens andererseits ist der Fremdenverkehr für fast alle Entwicklungsstaaten der Welt zu einem bedeutenden wirtschaftlichen Faktor geworden, sei es, daß er als überwiegend aktiver Fremdenverkehr eine Zuwachspost der Zahlungsbilanz bildet oder als überwiegend passiver Fremdenverkehr ihre Debetseite vergrößert. Das Bemühen aller Länder, der entwickelten, wie insbesondere der in Entwicklung begriffenen, zielt in jedem Falle auf eine Förderung und damit Aktivierung ihres Fremdenverkehrs; eine Analyse der Voraussetzungen für den Einsatz einer zielführenden Fremdenverkehrspolitik fußt jedoch auf einer Inventarisierung der im Land vorhandenen oder möglichen touristischen Attraktionen. Solche Analysen werden aber ausschließlich auf Erfahrung, subjektive Einschätzung und Bewertung, Wertigkeitsübertragungen von bestehenden auf projektierte touristische Ziele aufgebaut. Hiebei bedürfte die *Fremdenverkehrspolitik* der Untermauerung, die ihr im System einer *Fremdenverkehrsgeographie* gegeben werden könnte.

Aber auch in den entwickelten Fremdenverkehrsländern bestehen Gebiete, die zu unterentwickelten touristischen Regionen gehören und die sehr häufig vor der Alternativfrage stehen, ob sie ihre Wirtschaft und damit die Existenz ihrer Bewohner auf den Fremdenverkehr oder etwa auf eine Industrialisierung ausrichten sollen. Auch hier wäre die durch Fremdenverkehrsgeographie und Wirtschaftsgeographie begründete Abwägung der Gegebenheiten notwendig. Aber nicht genug damit, auch die entwickelten Fremdenverkehrsgebiete haben sich mit den Erscheinungen des Lebensfortschrittes auseinanderzusetzen, die in ihren okkupierenden Tendenzen die Kräfte des Natur- und Landschaftsschutzes und der Raumplanung zu ordnenden Maßnahmen ausgelöst haben. Sie sind in ihren Folgerungen, Forderungen und Entscheidungen an die geographischen Grundlagen gebunden, und hier wiederum fehlen die speziellen Aspekte einer fremdenverkehrsgeographischen Orientierung.

Es sei nicht behauptet, daß die Geographie dieses besondere Kapitel ihres Arbeitsbereiches zur Gänze übersehen hätte. Schon 1934 entstand im Schoße des Forschungsinstitutes für Fremdenverkehr an der Handelshochschule Berlin eine Schrift, deren Verfasser, Adolf *Grünthal,* Assistent am Forschungsinstitut für den Fremdenverkehr war. Sie führt den Titel „Probleme der Fremdenverkehrsgeographie". Darin wird einleitend festgestellt: „Der Begriff des Fremdenverkehrs beruht auf zwei Grundpfeilern: Auf dem Menschen und auf dem Ort, bzw. Lande. Durch die Gebundenheit des Fremdenverkehrs an einen Ort oder an ein Land, als Erscheinung auf der Erdoberfläche mit seiner Bedingtheit durch die natürliche Ausstattung des Raumes und durch die Umgestaltung des Erdbildes, die sich in seinem Gefolge zeigt, wird der Fremdenverkehr zu einem geographischen Problem. Die Aufgabe der Fremdenverkehrsgeographie besteht darin, die Verbreitung des Fremdenverkehrs darzustellen und die Wechselwirkungen zwischen ihm und den natürlichen Erscheinungen auf der Erdoberfläche zu untersuchen ..."

Schon im Jahre 1928 hatte *Grünthal,* fußend auf einem Aufsatz von *Thiessen* „Die Eingrenzung der Geographie"[1]) den Versuch unternommen, die Geographie des Fremdenverkehrs systematisch zu gliedern. Grundgedanke war, die einzelnen natürlichen Gegebenheiten der Erdoberfläche in ihrer Wirkung auf den Fremdenverkehr zu untersuchen, wobei drei Grundsatzfragen behandelt wurden:

a) inwieweit rufen sie Fremdenverkehr hervor;

b) inwieweit fördern sie Fremdenverkehr und

c) inwieweit hindern sie Fremdenverkehr.

Die einzelnen Kategorien, auf die sich eine solche Untersuchung zu erstrecken hätte, sieht Grünthal wie folgt:

„1. die Lage des Gebietes, in dem sich der Fremdenverkehr abspielt,

2. sein geologischer Aufbau,

3. sein orographischer Aufbau,

4. seine Oberflächenformen,

5. seine Gewässer,

6. sein Klima,

7. seine Pflanzen- und Tierwelt,

8. sein landschaftlicher Gesamtcharakter, hierunter würde etwa das zu verstehen sein, was Hettner „ästhetisch geographische Untersuchung" genannt hat,

9. seine Menschenwelt und zwar

    a) hinsichtlich ihrer Siedlungsdichte und Siedlungskonzentration,

    b) hinsichtlich ihrer konkret wahrnehmbaren Lebensformen, soweit sie für den Fremdenverkehr relevant sind,

    c) hinsichtlich ihrer Wirtschaft, sowohl der Produktion als auch des Handels, der Verkehrswirtschaft und des Konsums."

Auf diesen Überlegungen aufbauend, hat *Grünthal* seine bereits genannte Schrift verfaßt, deren Inhalt wie folgt gegliedert ist:

Die Fremdenverkehrskarte

Die Bedingtheit des Fremdenverkehrs durch die natürlichen, kulturellen und wirtschaftlichen Erscheinungen auf der Erdoberfläche

A. Die Bedingtheit des Fremdenverkehrs durch den Formenschatz der festen Erdoberfläche

B. Die Bedingtheit des Fremdenverkehrs durch das Wasser

C. Die Bedingtheit des Fremdenverkehrs durch Witterung und Klima

---

[1]) Petermanns geographische Mitteilungen 1927, S. 1.

D. Die Bedingtheit des Fremdenverkehrs durch die Pflanzen- und Tierwelt

E. Die Bedingtheit des Fremdenverkehrs durch den Menschen, seine Einrichtungen und Veranstaltungen

F. Die Bedingtheit des Fremdenverkehrs durch die Verkehrslage.

Erstaunlicherweise haben die Bemühungen Grünthals lange weder ein Echo noch eine Fortsetzung gefunden. Ursache mögen die Zeitläufe gewesen sein, die für eine Entwicklung neuer Wissenszweige nicht günstig waren, inbesondere wenn diese solche „abseits gelegenen" Themata betrafen, wie Fremdenverkehr und Geographie. Im Band 67 von 1924 der „Mitteilungen der geographischen Gesellschaft in Wien" ist ein Artikel von Richard *Engelmann* unter dem Titel „Zur Geographie des Fremdenverkehrs in Österreich" publiziert. Diese Arbeit ist jedoch im Grunde genommen nur die Beschreibung einer geographisch dargestellten Bildstatistik in 5 Tafeln, die der Verfasser im Auftrag des damaligen Bundesministeriums für Handel und Verkehr für Ausstellungszwecke anfertigte. Grundsätzliche Gedanken über eine Geographie des Fremdenverkehrs sind darin nicht enthalten. Derartige Arbeiten waren in der Folge zahlreich, ebenso fremdenverkehrsgeographische Monographien, wobei die von Hans *Poser:* „Geographische Studien über den Fremdenverkehr im Riesengebirge"[2]) als „richtungsweisend" bezeichnet wird. Er entfernt sich von der standortmäßigen Betrachtung und schwenkt über auf die Arten des Fremdenverkehrs, wobei allerdings die Gliederung der Arten willkürlich ist und einer fremdenverkehrswissenschaftlichen Überprüfung nicht standhielte. 1944 publizierte das Geographische Institut der Eidgenössischen Technischen Hochschule in Zürich eine Arbeit von Ernst *Winkler* über: „Die Landschaft der Schweiz als Voraussetzung des Fremdenverkehrs", die wiederum zum *räumlichen Prinzip der Standorte des Reiseverkehrs* überging. Auch die 1955 erschienene Arbeit von Walter *Christaller,* „Beiträge zu einer Geographie des Fremdenverkehrs" erblickt in den Standorten des Fremdenverkehrs den „wichtigsten Gegenstand der Fremdenverkehrsgeographie". Demnach schlägt er eine Gliederung vor, die nach geographischen Gesichtspunkten ausgerichtet, 12 Standorttypen, beziehungsweise Standortfaktoren des Fremdenverkehrs ergäbe, nämlich:

1. Klimatische Vorzüge als Standortfaktor,

    a) für Winteraufenthalte,

    b) für Sommeraufenthalte,

    c) für Aufenthalte im Frühling und Herbst,

    d) Heilklimate.

2. Landschaftliche Vorzüge

    a) die schöne Landschaft allgemein, z. B. Gebirge, Seen,

    b) die Vegetation, z. B. Walddistrikte, auch in der Ebene oder südländische Vegetation,

    c) besondere landschaftliche Erscheinungen, wie Wasserfälle, Felspartien, Vulkane, Höhlen, Aussichtsberge.

3. Sportliche Möglichkeiten

    a) Alpinismus

---

[2]) Abhandlung der Gesellschaft der Wissenschaften zu Göttingen, mathem.-phys. Klasse, Heft 20, Göttingen 1939.

b) Wintersport

c) Wassersport und Sportfischerei

d) Jagd und Reiten

e) Golf, Tennis, usw.

4. Seebadeorte, an das Vorhandensein von Badestrand gebunden.

5. Heilbäder und Kurorte, an Salinen, heiße Quellen oder sonstige Heilfaktoren gebunden, aber auch Kneipp- und Diätkurorte.

6. Kunst, Altertümer und schöne Stadtbilder, antike Tempelruinen oder Burgruinen, Städte mit Museen oder Ausstellungen.

7. Geschichtliche Denkstätten, Schlachtenorte, Geburtshäuser berühmter Persönlichkeiten.

8. Urtümliches Volksleben, Volksfeste, Wallfahrten.

9. Kulturelle Einrichtungen, wie Festspielwochen, Freilichttheater, Ferienkurse, Bildungsstätten (meist jedoch nicht primär Ursache, sondern mehr Folge der Entwicklung einer Örtlichkeit zum Fremdenverkehrsort).

10. Wirtschaftliche Anlagen und Einrichtungen, wie Häfen (Hafenrundfahrt), Talsperren, Flugplätze, kühne Brücken, Messen, interessante Gewinnungs- oder Verarbeitungsstätten (z. B. Salzbergwerke, Achatschleifereien).

11. Verkehrszentren und Verkehrsknotenpunkte, insbesondere solche Orte, wo ein Übergang von einem Verkehrsmittel auf ein anderes erfolgt.

12. Zentrale Orte mit ihren vielfältigen Bildungs- und Vergnügungsmöglichkeiten, sie sind jedoch in erster Linie in der Geographie der zentralen Orte zu behandeln.

Wenngleich Christaller versucht, alle Punkte mit touristischer Attraktivkraft in seiner Gliederung aufzuführen, so kann sie doch als System einer Fremdenverkehrsgeographie nicht restlos befriedigen. Sie ist im Grunde genommen nur eine Detaillierung der vorerwähnten Gedankengänge von Grünthal.

Das Institut für Fremdenverkehrsforschung hat im Rahmen der Österreichischen Geographischen Gesellschaft einen Preis ausgesetzt für einen Vorschlag, der Aufgabe, Methode und System einer Fremdenverkehrsgeographie treffend umschreibt und desgleichen hat die Académie International du Tourisme für ihren Concours Universitaire 1964 das Thema „Fremdenverkehrsgeographie" gestellt. Diese Tatsachen zeigen zweierlei. Einmal, daß sich die Fremdenverkehrswissenschaft von einer einseitigen wirtschaftlichen Betrachtungsweise des Phänomens Fremdenverkehr zu lösen beginnt und zum anderen, daß der Fremdenverkehr in der Massenhaftigkeit seiner Erscheinung und in seinen der Konzentration entgegengesetzten periphären Tendenzen, aber auch in den Ordnungsbestrebungen innerhalb der Vielheit seiner Kräfte einer geographischen Bearbeitung bedarf.

EDGAR LEHMANN

Neue Wege großmaßstäbiger karthographischer Darstellung in der Morphographie und Morphologie

A. VORBEMERKUNG

Der folgende Bericht bezieht sich auf ein Arbeitsfeld, zu dessen Bestellung und Ernte Hans *Bobek* in vielfältiger Weise beigetragen hat. Die Kartographen fühlen sich Bobek anläßlich seines 60. Geburtstages in Dankbarkeit verbunden, weil sie die zu einem erheblichen Teil indirekte Auswirkung seiner Arbeit auf ihr Fachgebiet zu schätzen wissen.

Was durch Rede und Schrift in den Arbeiten Hans *Bobeks* geistige Gestalt annahm, ist nur zu einem schwer bestimmbaren Anteil der Kartographie gewidmet. Bobeks Schaffen strahlt auf fast alle Bereiche der Geographie aus. Seine Einwirkung auf Grundsätzliches und auf die Richtung der Forschung ist unmittelbar und unverkennbar. Sie hat sich überdies auf großen Tagungen — oder in kleineren wissenschaftlichen Gremien —, tief in der Erinnerung bewahrt. Bobeks persönliche Einstellung zum anderen wie zur Wissenschaft im ganzen bietet glänzende Voraussetzungen zu einem echten Gespräch, das heißt zu einem Dialog, der die zum Aufnehmen befähigten und bereiten Geographen wohl immer in einem hohen Maß anregte und dadurch weiterführte, — seien es Diskussionen über die *regionale Geographie* und *Landesplanung*, über Probleme der *Soziogeographie,* der *Siedlungsgeographie* oder auch über die *Methodik* des Faches und über Fragen der *physischen Geographie.* Bobek, der historisch tief durchgebildet ist, weiß es offenbar sehr gut, daß alle große Kultur durch ein hochstehendes dialogisches Leben gekennzeichnet ist.

Der literarische Niederschlag, den die Gedanken Bobeks in zahlreichen Publikationen fanden, enthält die Fülle dessen, was — wie nach der persönlichen Begegnung — bleibend und wesend ist. Aber das, was Aufsätze und Bücher festhalten, ist so wenig das Ganze wie bei anderen geistigen, im tiefen Grunde ihres Wesens zur Bildung des Menschen, das heißt zur eigenartigen, schöpferischen Zusammenordnung des sehr verschiedenartigen „Innen" und „Außen" hinleitenden Persönlichkeiten. Wir verfügen zum Beispiel über manche Schrift aus Bobeks Feder, die der Genese der Landformen gewidmet ist. Aber was Bobek über die verschiedene Möglichkeit ihrer graphischen Darstellung denkt, können wir — sofern es uns nicht vergönnt ist, ihm im persönlichen Gespräch zu begegnen — nur indirekt folgern oder aber den Auswirkungen entnehmen, die durch die praktische Tat feste Formen annimmt, wie

z. B. seine aktive persönliche Mitarbeit am österreichischen Nationalatlas und dessen
umsichtige Herausgabe. Der anschließende Bericht über großmaßstäbige Darstellungen geomorphologischer und morphographischer Sachverhalte sei Hans Bobek unter
solchem Aspekt als bescheidene Gabe gewidmet.

B. ZIELSETZUNGEN DER GEOMORPHOLOGIE

Ziel der Geomorphologie ist es, aus der Form und dem Material auf die Kräfte zu
schließen, denen sie ihre Entstehung verdanken. In dieser Aufgabenstellung ist die
Problematik einer *geomorphologischen Kartierung* bereits sichtbar. Es wird notwendig
sein, zuerst das Phänomen der Gestalt, der „Morphe", beobachtend und messend
zu erfassen und in einem verschieden hohen, immer aber sehr beträchtlich reduzier-
tem Ausmaß in der Zeichenebene als einer über den Standpunkt des Beobachters
hinaus stark erweiterten Erkenntnisfläche darzustellen. Die Karte vermittelt die
größte Blickweite, die im landschaftlichen Raum möglich ist. Aber sie kann weder
ein Spiegel noch eine sehr verkleinerte Kopie der landschaftlichen Wirklichkeit sein.
Sie ist in der Sprache ihrer Linien, Punkte und Flächen besten Falles als eine ver-
einfachende, maßgebundene Interpretation einer sehr kompliziert gebauten Körperlichkeit anzusehen.

Die Landschaft muß erst durch die Beschreibung ihrer Formen, kartographisch gesprochen durch eine *„morphographische Karte"*, erobert sein, ehe sie durch eine
graphische Herausarbeitung ihrer Entstehung, das heißt durch eine *„morphologische
Karte"* geistig in Besitz genommen werden kann. Wir werden uns zunächst der
Problematik zuwenden, vor die sich Geographen und Kartographen bei der morphographischen Kartierung als der Basis für eine auf die Genese zielende morphologische Kartierung gestellt sehen. Denn die Deutung der Formen ist wesentlich erleichtert und kartographisch-darstellerisch möglich, wenn erst einmal der in der Gestalt
liegende Typus erkannt ist. Die Vorgänge, denen die Formen ihre Entstehung verdanken, sind viel durchsichtiger, wenn zum Beispiel das Profil der konvex-konkaven
Hänge klar erfaßt und graphisch gekennzeichnet ist, weil die Zufuhr und Abfuhr
von Material ebenso wie die mechanischen Eigenschaften des Bodens und die Auf-
bereitung des Anstehenden in enger Beziehung zur Landformung stehen. Die Vor-
stellungsfähigkeit wird im Fall der Kartierung von Landformen durch die Kenntnis
ihrer Bildungsgesetze gefördert. Aber um die Objektivität gegenüber einseitigen
Hypothesen und, wie noch zu zeigen sein wird, eine kartentechnisch einwandfreie
Wiedergabe zu gewährleisten, ist die strenge Trennung zwischen Form und Genese,
zwischen Morphographie und Morphologie methodisch notwendig. Das hat auch
praktische Vorteile. Denn morphographische Karten haben in der Land- und Forst-
wirtschaft, im Bauwesen und in der Stadt-, Dorf- und Gebietsplanung einen wesentlich größeren Verwendungsbereich als morphologische Karten, die in erster Linie der
Morphologie als der hohen Schule der physischen Geographie dienen. Der große
Anstoß, sich in erhöhtem Maß der Kartierung der Landformen zuzuwenden, ist von
den Erfordernissen der Praxis in fast allen Staaten, die über eine amtliche Landes-
aufnahme verfügen, ebenso ausgelöst worden wie von der Morphologie als einem
speziellen, in den letzten drei Jahrzehnten zu völlig neuen Grundvorstellungen vor-
dringendem Lehrgebäude der physischen Geographie.

I. Historische Überschau

Die Formen des Landes stehen alle miteinander in Beziehung. Sie zeigen Übergänge der verschiedensten Art. Man hat daher das *Phänomen der Gestalt* seit dem Bestehen einer thematischen Kartographie, zum mindesten seit der Zeit Alexanders von *Humboldt* und Carl *Ritters* dadurch zu begreifen gesucht, daß man, ähnlich wie in der Kunst der klassizistischen Periode, die Regeln zu ergründen suchte, nach denen sich die Formen bilden. Man glaubte, aus der Kompilation von Bruchstücken der Erdkenntnis einen Zusammenhang aller Gebirge, einen „Charpente du globe" konstruieren und in der Zeichenebene wiedergeben zu können. Erst *Humboldt* und *Ritter* und in ihrer Folge bedeutende Kartographen wie Heinrich *Berghaus* und Emil von *Sydow* erzeugten Karten, deren Elemente der Begegnung mit der Wirklichkeit entnommen sind. Sie vermitteln nicht einen täuschenden Schein der Wirklichkeit, sondern eine der Wirklichkeit entsprechende Vorstellung von der Richtung, der Höhe und der andeutend gebotenen Körperlichkeit der Landformen.

Die kulturelle und wirtschaftliche Entwicklung hatte einer zeichnerischen Erfassung der Formenwelt, besonders der Bodenplastik, vorgearbeitet — wie es später, gegen die Mitte des 19. Jahrhunderts, die auf Grund der bereits 1801 gefundenen ersten Barometerformel mächtig anschwellende Zahl der Höhenmessungen war —, die es gestattete, hypsometrische Karten zu entwerfen oder Höhenlinien den kartographischen Glanzleistungen in Schraffenmanier als konstruktives Mittel unterzulegen. In dem herrlichen, in Kupfer gestochenen „*Topographischen Atlas des Königreiches Sachsen*" (1819—1860 in 1 : 57.600) Hermann *Oberreits* erfährt das Relief eine Formung, die eine tiefere Auseinandersetzung mit dem Phänomen der Gestalt auf dem kartographischen Gebiet voraussetzt. Manches Korn, das schon zur Neige des 18. Jahrhunderts gesät war, gelangte erst jetzt zur Reife. Goethe zum Beispiel hatte sich in den achtziger Jahren als Ziel seines naturwissenschaftlichen Weges gesetzt, „das Gewahrwerden der wesentlichen Form... auf alle Reiche der Natur auszudehnen". Die Bemerkung über die „wesentliche Form", die in einem Brief vom 5. Juli 1786 niedergeschrieben ist, steht in Einklang mit der Grundansicht Goethes über die Natur der „Gebirgsmassen", deren „eigentlicher Inhalt ihres Daseins" darin liege, „Gestalt zu schaffen". Es sei nicht übersehen, daß Goethes naturwissenschaftliches Interesse auf die Verfolgung des Gedankens gerichtet war, wie weit sich eine Naturerscheinung, zum Beispiel die Form eines Gebirges, aus einer Urgestalt ableiten lasse[1]). „Die Verwitterung hindert denn auch", bemerkt er in einem Nachtrag zur Harzreise, „die wahre Gestalt zu erkennen." Der Formgedanke spielt eine wichtige Rolle auch in der Philosophie des letzten Drittels des 18. Jahrhunderts. Die Physiognomik Lavaters steht mit der Zeitmode der Silhouette in einem geistigen Zusammenhang. Aber wenn man von den ideologisch-philosophischen Prinzipien absieht, die in Goethes Naturauffassung als entscheidende Motore wirksam sind, so strahlt doch durch die Kraft seiner Beobachtungsgabe, nicht zuletzt durch den von ihm selbst betonten Wunsch, „wie die Natur in lauter Zeichnungen zu reden", mannigfache Anregung auch auf die Erfassung der Gestalt im geographischen Raum aus, so irreführend die Aufspürung einer „Urgestalt" Goethischen Sinnes im Rahmen der modernen geomorphologischen Methodik ist.

Es ist ein weiter Weg bis zu dem entscheidenden Punkt, an dem es gelingt, mittels Maß und Zahl klar umrissene Formmerkmale auszusondern und durch ihren kartographischen Niederschlag zu deutlichen Begriffen der Landformung zu gestalten.

---

[1]) Bruno *Wachsmuth* „Goethes naturwissenschaftliche Lehre von der Gestalt" in „Goethe". Viermonatsschrift der Goethe-Gesellschaft. Jahresheft 1944, Weimar.

Gegen Ende des vergangenen Jahrhunderts sind es Ferdinand von *Richthofen* und besonders Albrecht *Penck*, die dem fruchtbaren, nicht zuletzt die jüngste Entwicklung erneut anregenden Gedanken nachgehen, die die Formenwelt gliedernden Elemente auszusondern. Man versucht, messend die Gestalt des Geländes fest in den Griff zu bekommen. Diese *morphometrische Arbeitsrichtung* wird bald mißverstanden und führt zu Fehlleistungen, die es zum mindesten über das ganze erste Drittel unseres Jahrhunderts hin verhinderten, daß sich der Kerngedanke entfalten konnte. Im Jahre 1930 weist Norbert *Krebs*[2] in einer grundsätzlichen Arbeit auf das Haupterfordernis der Morphometrie hin, nicht mittlere Werte zu erfassen, die in der Natur praktisch keine Bedeutung haben, sondern morphographische Karten so zu konzipieren, daß sie zur Erfassung typischer Züge der Landformen *und ihrer Elemente* hinführen. Krebs weist auf die Bedeutung des von Joseph *Partsch* terminologisch und morphographisch begründeten Begriffes der *Reliefenergie* und insbesondere auf die Herausarbeitung der typischen, nicht der mittleren Böschungswinkel und Neigungswinkel, denen Siegfried *Passarge* in seinem „Physiologisch-morphologischen Atlas" für den Bereich des Meßtischblattes Stadtremda bereits 1914 eine Studie gewidmet hatte. Nach dem Zweiten Weltkrieg wird die Arbeit an morphographischen und morphogenetischen Karten fortgesetzt. Die formenbeschreibenden Karten, die meist nur in kleineren Maßstäben erscheinen, finden in der *„Karte der Landformen des mittleren Europa"* (1 : 2 000 000) 1958, von Harry *Waldbaur*[3]) ihre eindrucksvollste Repräsentation. Die Karte Waldbaurs ragt aus den Publikationen als eine isolierte Erscheinung heraus. Der Schwerpunkt der Bemühungen der Morphologen ruht auf der morphogenetischen Erfassung der Landformen, die in verschiedenen Staaten, besonders in Polen, in Form von morphologischen Kartierungen größeren Stils in Angriff genommen wird. Daß nicht formenbeschreibende, sondern formenerklärende Karten bei weitem vorwiegen, hat seinen Grund in methodischen, unseres Erachtens nicht ohne starke Einschränkungen hinzunehmenden Erwägungen und vor allem in der grundstürzenden Entwicklung, die die Wissenschaft von den Landformen durch die höhere Einschätzung der klimatisch bedingten Abwandlung der landformenden Prozesse erfahren hat. Methodisch machte schon Otto *Schlüter*[4]) bei seinem Versuch einer Klassifikation der Küstentypen geltend, daß man von vornherein auf genetische Gliederungen ausgehen sollte, ohne sich bei äußerlich beschreibenden Begriffen aufzuhalten. Er sieht die Aufgabe seiner Klassifikation neben einer systematischen Ordnung in der begrifflichen Feststellung der Typen und in ihrer Benennung. Aber am Schluß seiner Abhandlung über die schwierige Aufgabe, genetische Typen zu finden, kommt Schlüter zu der bemerkenswerten Feststellung, daß die „Beobachtung der allerkleinsten Küstenstrecken zur Grundlage eines allgemeinen Systems von Formenelementen der Küste gemacht werden könnte." Begriff und Wahrnehmung decken sich unseres Erachtens am besten, wenn versucht wird, zunächst in strengem, formenbeschreibenden Sinn bestimmte kleinste Flächen des Geländes, gleichsam seine Elemente, die genetisch sehr verschiedener Art sein können, gedanklich zu gleichwertigen Typen zu vereinen. Da es nicht um ein Schema, sondern um die geordnete Erfas-

---

[2]) Norbert *Krebs*, „Maß und Zahl in der Physischen Geographie", in „Hermann-Wagner-Gedächtnisschrift", Ergänzungsheft Nr. 209 zu Pet. Mtt., Gotha, 1930, S. 9.
[3]) Harry *Waldbaur* „Karte der Landformen des mittleren Europa", Wiss. Veröff. d. St. Inst. f. Länderkunde zu Leipzig, Bd. 15/16, 1958 (Kartenbeilage).
[4]) Otto *Schlüter* „Ein Beitrag zur Klassifikation der Küstentypen", Zeitschr. d. Ges. f. Erdk. zu Berlin, 1924, S. 288.

sung kompliziert gestalteter Geländeformen geht, darf man sich auch über den Einwand hinwegsetzen, daß das Tatsächliche, das heißt eine theoretisch unbefangene Beobachtung, nicht möglich sei. Wenn es auch richtig ist, daß zum Beispiel im Begriff „Kliff" der Vorgang der Abrasion steckt, so ist diese genetische Aussage doch nur immanent in der rein formenbeschreibenden Feststellung, die in der Bezeichnung „Steilküste" klar ausgedrückt wird.

II. Morphographische Karten

Karten jeglicher thematischen Art und so auch morphographische, d. h. rein formenbeschreibende Karten, können Quellenwert haben, vor allem wenn Quantitäten von ihnen abgelesen werden können. Entweder die Hangneigung oder die Hangböschung oder auch andere entscheidende Wesenszüge des Geländes, wie zum Beispiel die Art der Zertalung, werden in typisierender Tendenz auf morphographischen Themenkarten herausgearbeitet. Es finden gedankliche Abstraktionen einen graphischen Niederschlag, die mit der Natur, d. h. in diesem Fall mit den Formen des Geländes durch messende Beobachtung in Übereinstimmung stehen.

1. Maßstab morphographischer Karten

Zu optimaler Auswirkung in wissenschaftlicher wie in praktisch-wirtschaftlicher Hinsicht können morphographische Karten gelangen, wenn sie in großen Maßstäben von etwa 1 : 10 000 bis 1 : 25 000 gehalten sind. Morphographischen Karten kleineren Maßstabes fällt die Aufgabe zu, klare Vorstellungen von den Großformen, nicht nur von ihrer Richtung und Höhe, sondern von ihren charakteristischen Reliefzügen — seien es Plateaus, Ketten oder domartige Vollformen — zu erzeugen. Die meisten geographischen Übersichtskarten in Atlanten, überhaupt Karten eines kleineren Maßstabes als 1 : 1 000 000, täuschen lediglich einen plastischen Effekt vor, während es in morphographischen Karten möglich ist, mittels einer geographischen Typisierung, die in Symbolen oder Signaturen ihren Niederschlag findet, zureichend präzise Aussagen über die Gestalt großer Formen zu machen. Aber meßbare Angaben können solchen morphographischen Karten kleineren Maßstabes nicht entnommen werden. Die Wiedergabe der Form an sich, der Gestalt, in höchstmöglicher Präzision, so daß sie meßbar ist und als Bezugsbasis für jede geowissenschaftliche Untersuchung dienen kann, ist nur in morphographischen Karten großen Maßstabes möglich. Dies aber erhöht ihre Bedeutung in einer Forschungssituation, die zum Beispiel in der allgemeinen wie in der regionalen Geographie durch die Untersuchung von Merkmalskombinationen auf kleinsten Arealen gekennzeichnet ist. Insbesondere die gegenwärtig in den Vordergrund geographischer Forschungen gerückte *Landschaftsökologie*, die den stofflichen Inhalt bestimmter Erscheinungen innerhalb kleiner als Grundeinheiten erkannter Flächen untersucht, bedarf für ihre Messungen, Beobachtungen und wertenden Beurteilungen der morphographischen Kartierung. Die Wirkung der Landformen, vor allem ihrer Hangneigung, ihrer Hangböschungen und ihrer Gesteinsart auf die Abtragung, auf den Wasserhaushalt, auf die Sonneneinstrahlung, auf das Pflanzenwachstum, auf die Verwitterung und auf die landwirtschaftlichen Anbauformen ist leichter an Hand flächendeckender morphographischer Karten zu erkennen. Morphographische Karten sind daher einer der wichtigsten Ansatzpunkte, um der auf die Erfassung kleinster Flächen, z. B. einzelner bald konkav, bald konvex geböschter Hangteile gerichteten ökologischen Arbeitsweise eine sichere Ausgangsbasis zu geben.

Der Grundgedanke, nicht Einzelfaktoren, die in ihrer landschaftlich verwobenen Komplexität nur schwierig zu fassen wären, sondern *Kräftegruppen* zu erforschen, die durch ihre Verteilung ganz bestimmte, räumlich abgrenzbare Wirkungen hervorrufen, geht auf Carl *Troll* zurück. Es ist kein Zufall, daß ein Kärtchen, das er über die physisch-geographischen „Landschaftszellen" des Bergischen Landes in 1 : 25 000 entwarf[5]), einen ausgeprägt morphographischen Charakter hat. An diesem Beispiel werden recht gut die Vorzüge einer morphographischen Karte gegenüber einer als Grundkarte keineswegs zu unterschätzenden und zugleich notwendigen topographischen Karte sichtbar. Es begrenzt die Aussagemöglichkeit der topographischen Karten, daß sie die Höhenlinien verschleifen. Wichtige Hangknicke oder bestimmte Talformen, wie Mulden und Kerbsohlentäler (auch Kastentäler genannt), können nur in günstigen Fällen auf einer topographischen Karte anschaulich und vor allem eindeutig dargestellt werden. An diesem Punkt setzen daher auch verschiedene Arbeiten mit dem Ziele an, entweder solche Mängel durch ergänzende Eintragungen in die Blätter bestehender Kartenwerke oder durch die Schöpfung morphographischer Karten eines neuen Typus zu beheben. Zur ersten Gruppe gehören die Versuche R. *Lucernas*[6]), die Kanten, das heißt die Verschneidungslinien der eine Oberfläche zusammensetzenden Flächen herauszuheben, oder *Brandstätters*[7]) Methode, aequidistante Schichtlinien mit einer den natürlichen Gegebenheiten angepaßten Kantenzeichnung zu einer auch morphographisch voll befriedigenden Reliefdarstellung zu verbinden. Zur zweiten Gruppe sind einige Arbeiten zu rechnen, die jüngst aus dem Geographischen Institut der Karl-Marx-Universität hervorgingen. So widmete sich Frankdieter *Grimm*[8]) 1961 in einer nicht veröffentlichten Studie mit Erfolg der Aufgabe, auf Grund bestimmter Formmerkmale und deren Zusammenfassung zu Gruppen ein dem wirklichen Gelände entsprechendes Kartenbild zu erzeugen. Er erreichte dies, indem er die wichtigsten Formmerkmale, wie zum Beispiel die Flächenwölbung der selbständigen Einzelformen mathematisch erfaßte. Den Kartenproben in 1 : 10 000 aus dem Thüringer Schiefergebirge, die er als Ergebnis eigener Geländekartierungen vorlegte, sind also zahlenmäßig definierte Kennzeichnungen über kleinste Reliefteile zu entnehmen. Der Böschungscharakter wird von Grimm durch zwei Komponenten bestimmt, nämlich durch die *„Längswölbung"*, das heißt durch die in der Gefällsrichtung konvex, konkav oder gestreckt geformten Böschungen und durch die *„Querwölbung"*, das heißt durch die quer zur Längswölbung laufenden Hangflächen. Grimm faßt dabei die Längswölbung als eine Profillinie auf, die aus Teilen von Kreisbögen mit verschiedenem Radius zusammengesetzt ist. In ähnlicher Weise wird die Querwölbung durch Bezugnahme auf den Krümmungsradius definiert, jedoch so, daß der zu ermittelnde Radius senkrecht zur Gefällsrichtung gedacht wird.

Grimm ließ sich in Teilbereichen seiner Arbeit von Gedanken leiten, die Hans *Richter* im Kolloquium des Leipziger Geographischen Instituts bereits 1958 bei Diskussionen über die am besten geeigneten Reliefdarstellungen für Standortanalysen in

---

[5]) Carl *Troll* „Die geographische Landschaft und ihre Erforschung", Studium Generale 3 (1950), S. 163 ff.
[6]) R. *Lucerna* „Neue Methoden der Kartendarstellung" in Pet. Mitt., 1928
[7]) Leonhard *Brandstätter* „Exakte Schichtlinien und topographische Geländedarstellung." Sonderheft 18 der Österr. Zschr. f. Vermessungswesen, 1957, S. 29 ff.
[8]) Frankdieter *Grimm* „Beiträge zur großmaßstäbigen morphographischen Kartierung", Diplomarbeit am Geographischen Institut der Karl-Marx-Universität Leipzig, 1961.

1 : 10 000 bis 1 : 25 000 aussprach, aber erst 1962 im Druck vorlegte[9]). Richter stützt
sich auf Gedanken Albrecht *Pencks*. Er betont, daß die Oberflächenformen zusammensetzenden Teile wie andere Elemente des Naturkomplexes nach den ihnen eigenen Merkmalen zu definieren und zu beschreiben seien. Grimm gliedert, ganz im
Sinne Richters, die Oberfläche in ihre unselbständigen Formelemente und gewinnt
durch die Kombination ihrer morphographischen Merkmale, insbesondere der von
ihm auf Grund der angedeuteten Methodik meßbar und damit vergleichbar gemachten „Längs- und Querwölbung"[10]) eine höchstmögliche Präzision der Reliefdarstellung. Besondere Signaturen geben überdies Auskunft über die Talformen,
über Klippen oder über besondere Erscheinungen in der Feinmodellierung des Reliefs.
Diese Gliederung des Reliefs nach Formelementen gleicher Hangwölbung erscheint
als ein überraschend einfacher Weg, zu einer Klassifizierung der Reliefformen zu
gelangen, um die sich viele Morphologen, zum Beispiel J. K. *Efremov*[11]), als Vorstufe
zu einer genetischen Klassifizierung der Geländeformen[12]) bemühten. Die Frage
liegt nahe, ob nicht topographische Karten großen Maßstabes (1 : 10 000 bis 1 : 25 000)
den gleichen Dienst leisten können wie morphographische Spezialkarten. Diese Frage
ist am leichtesten zu beantworten, wenn wir auf jene andere, bereits genannte topographische Kartengruppe zu sprechen kommen, in deren Rahmen versucht wird,
kartographisch nicht genügend zum Ausdruck kommende Geländeformen durch die
Einfügung von Sondersignaturen, insbesondere durch die Einzeichnung von Kanten
in das aequidistante Höhenliniengerippe anschaulich und zugleich exakt herauszuarbeiten.

Eine Betrachtung der Kartenblätter, die L. *Brandstätter*[13]) und in ähnlicher Weise
G. *Neugebauer*[14]) erarbeiteten, erweist die starke Erhöhung der Darstellungskraft,
die die Anwendung der Kantenmethode im gleichabständigen Schichtlinienbild her-
vorruft. Die zusätzliche Kennzeichnung von morphologisch wichtigen Geländeentwick-
lungen, die durch die geometrisch genau festgelegten Schichtlinien nicht anschaulich
gemacht werden, schließt die Lücke in der Erfassung der Formen zwischen den
Schichtlinien. Brandstätter legt überdies mit Recht besonderen Wert auf die in ihrer
grundsätzlichen Bedeutung zu erkennende Scharungsplastik von engständigen Höhenlinien, die die Geländeneigung besser erkennen lassen als es früher die Böschungs-
schraffen getan haben. Kommt zu den Schichtlinien nicht nur die Kantenzeichnung,
sondern auch noch eine Schrägschummerung hinzu, so ist eine Darstellungswirkung
erreicht, die sich mit den Hochleistungen Eduard *Imhofs* innerhalb der schweizeri-
schen Kartographie vergleichen läßt.

Dennoch sind morphographische Karten notwendig. Sie haben entsprechend ihrem
Charakter als thematische Karten eine spezielle Aufgabe. Sie haben eine analytisch-

---

[10]) Der Begriff der Längs- und Querwölbung ist bei Grimm nicht identisch, aber sehr ähnlich
mit dem „Krümmungstyp" und der „Bewegungstendenz", aus deren Kombination Richter die
Hangwölbung ableitet.

[11]) J. K. *Efremov* „Versuch einer morphographischen Klassifizierung von Elementen und einfachen
Formen des Reliefs" (russ.)

[12]) J. K. *Efremov* „Klassifizierung der reliefbildenden Faktoren im Zusammenhang mit den Aufgaben der morphologischen Forschung", in „Geomorphologische Probleme, Gotha, 1956, S. 27.

[9]) Hans *Richter* „Eine neue Methode der großmaßstäbigen Kartierung des Reliefs." Pet. Geogr.
Mitt. 1962, H. 4.

) Leo *Brandstätter* „Schichtlinien und Kantenzeichnung" in Erdkunde, 1960, S. 171 ff.

[13]) Leo *Brandstätter* „Schichtlinien und Kantenzeichnung" in Erdkunde, 1960, S. 171 ff.

[14]) G. *Neugebauer* „Die topographisch-kartographische Ausgestaltung von Höhenlinienplänen" in
Kartographische Nachrichten, 12. Jg., 1962, S. 102 ff.

informierende Tendenz. Sie vermitteln eine genaue Vorstellung über die flächenmäßige Verteilung bestimmter, aus einem Komplex herausgegriffener Züge. Sie haben nicht einen individualisierenden Charakter wie die topographischen Karten, sondern sie zielen auf die Herausarbeitung typenhafter Erscheinungen. Während die Hauptaufgabe der Höhenlinien auf topographischen Karten die Flächendefinition ist, liegt das Schwergewicht von morphographischen Karten schon in der Konzeption darin, in Anlehnung an die Höhenlinien alle Formen eines Geländes, insbesondere Kleinformen wie Dellen, Quellmulden, Terrassen, typische Böschungen, kleinste natürliche und anthropogene Damm- und Wallformen, kleinste Hangrutschungen oder Abrisse, in die Sicht des Betrachters zu stellen.

Das durch die Projektion auf die Zeichenebene entstandene Grundrißbild eines Geländes zeigt also die Landformen in der topographischen Karte viel mehr in ihrer Beziehung zu den in der Natur nicht vorhandenen Höhenlinien als dies in den real an den auffälligen Linien und Flächen des Geländes orientierten morphographischen Karten der Fall ist. Morphographische Karten sind daher geeignet, Unzulänglichkeiten, die aus dem Wesen der topographischen Karte auch bei stärkerer schöpferischer Entfaltung der darstellerischen Seite der Topographie nicht auszuschließen sind, zu beheben und für die verschiedensten Aufgabenbereiche der Geowissenschaften spezielle Grundlagen zu bieten. Es ist wichtig, in morphographischen Karten ein Mittel an der Hand zu haben, das festzustellen erlaubt, ob sich kleine, in ihrer Form gleichartige Geländeteile mit physischen Wirkungsfeldern eines bestimmten Typs decken oder ob sie es nicht tun! An einem einzigen, verschieden geböschten Hang können ja in regelhafter Abfolge mehrere „ökologisch" verschiedenartige, aber in sich gleichwertige kleinste Geländeteile nebeneinander liegen. Die immer stärker in den Vordergrund rückende landschaftsökologische Forschung, die in den alten europäischen, asiatischen oder andinen Kulturlandschaften ebenso wie in den tropischen und subtropischen Entwicklungsländern auf die Erkenntnis landschaftsökologischer Strukturen gerichtet ist, findet in morphographischen Karten den Niederschlag von Vorarbeiten, die erste Hinweise für den Ansatz landschaftsökologischer Bestandsaufnahmen und an sie praktisch anzuschließender Hilfs- und Pflegemaßnahmen[15]) bieten. Auch von seiten der geomorphologischen Forschung erweist es sich als zweckdienlich, den Inhalt topographischer Karten durch morphographische Arbeiten zu ergänzen. Es ist günstig, sich in diesem Zusammenhang einige grundsätzliche theoretische Erkenntnisse zu vergegenwärtigen, die die Kartographie Herbert *Louis*[16]) verdankt. Alle Erscheinungen können so aufgefaßt werden, als ob sie entweder Diskreta oder Kontinua sind. Das hat auch Alfred *Hettner* schon in seinem jüngst von Eduard *Imhof* in Band II des „Internationalen Jahrbuches für Kartographie" der Fachöffentlichkeit neu dargebotenem Aufsatz über die „Eigenschaften und Methoden der kartographischen Darstellung" (Geogr. Zeitschr. 1910) bemerkt. Louis geht weit über Hettner hinaus. Er erkennt die grundsätzliche Verschiedenheit der beiden Darstellungsweisen und zieht erkenntnistheoretisch wie praktisch wichtige Schlußfolgerungen aus seiner Untersuchung.

Isohypsen sind nach Louis Linien, die Wertefelder umschließen. Sie zeichnen bestimmte Intensitätsgrade ab, zum Beispiel die Höhenlage über dem Meeresspiegel.

---

[15]) G. H. *Schwabe* „Zur Landschaftsökologie", Natur und Landschaft, 1961, S. 65 ff.
[16]) Herbert *Louis* „Die Karte als wissenschaftliche Ausdrucksform" in Tagungsbericht des Deutschen Geographentages Würzburg 1957, S. 243 ff.

Sie sind Kontinua. Die Diskreta dagegen sind Grundrißdarstellungen, die Flächen bestimmter Objekte abgrenzen. In morphographischen Karten überwiegen die Abbildungen diskreter Erscheinungen, sofern sie die Verteilung, die Position und Exposition bestimmter Formelemente und Formgruppen zum Inhalt haben. Es ist ein Unterschied, ob man, wie es *Flegel*[17]) versuchte, die Höhenlinien als Kontinua benutzt, um aus ihrer Führung und der aus ihren Abständen sich ergebenden Neigung die Anfälligkeit für die Bodenerosion zu errechnen, oder ob man eine Aufgliederung der Hangpartien nach ihrer wirklichen erosionsbegünstigenden Form vornimmt.

Die genaue Betrachtung dieser Beziehung zwischen dem Kartenbild und der abgebildeten Wirklichkeit in Form morphographischer und morphologischer Karten wird besonders wichtig im Hinblick auf die Entwicklung, die die Morphologie genommen hat. Es ist heute, nachdem die geomorphologische Denk- und Arbeitsweise in stärkerem Maße als früher die reliefschaffende Wirkung der klimatisch-historischen Faktoren berücksichtigt, sehr wesentlich geworden, den Zertalungszustand, die Verhältnisse am Ober-, Mittel- und Unterhang eines Tales wie jede Kleinform zunächst in einem rein formbeschreibenden Sinn zu erfassen. Die schon in den älteren morphologischen Arbeiten betonte mehrzyklische Reliefgestaltung der Mittelgebirge Europas geht nicht unmittelbar auf die z. T. zweifellos erfolgten Krustenbewegungen zurück, sondern auf Klimaänderungen, die zeitlich nicht mit einem etwa an der Talgestaltung zu erkennenden Phasenablauf von tektonischen Bewegungen zusammenzufallen brauchen. Unsere Landformen sind in erster Linie das Ergebnis tiefgreifender klimatischer Wandlungen, die auf die Erdoberfläche eingewirkt haben. Hochflächenteile des Geländes, die zum Teil bis in das Alttertiär mit Sicherheit zurückverfolgt werden können, sind im jüngeren Tertiär und im Pleistozän stark zerschnitten worden. Es sind daher die Quer- und Längsprofile der Hangflächen, die in die älteren Hochflächen zurückgreifen, in einem formbeschreibenden Sinn exakt zu erfassen. Es ist in der morphographischen Karte klar herauszuarbeiten, wo die flache Muldenform eines Tälchens in die Kerbtalform übergeht und wo Gefällsbrüche liegen oder in welcher Weise Kleinstformen an einem Hang geformt sind. Die Erkenntnisse der neueren klimatisch-morphologischen Forschung erfordern nicht weniger als zu der Zeit, in der man aus der Gestaltung der Täler auf das Alter und den Phasenablauf von Hebungen schloß, eine Kartierung der feinsten Modellierungen des Reliefs als Wirkung des sich in großen Zeiträumen wandelnden Klimas. Es kommt in verstärktem Ausmaß auf die Erfassung von Kleinstformen an, die bei der Generalisierung auf topographischen Karten unterdrückt werden können, während die Aufnahme von Formen in Meterdimension in morphographischen Karten wichtig sein kann. Es muß in freier Generalisierung jene Grenze überschritten werden, für die *Louis*[18]) den Begriff der „unteren Eindeutigkeitsgrenze" für topographische Darstellungen vorgeschlagen hat.

Es liegt im Wesen einer morphographischen Karte, daß viele der ihrer Form nach als ähnlich oder gleichartig wiedergegebenen Geländeteile auch zugleich elementare Grundflächen einer physischen Gliederung darstellen. Das Flächenmuster, das sich in einer morphographischen Karte durch die Grenzführung der Formelemente abzeichnet, deckt sich, wie Hans *Richter*[19]) bemerkte, in vielen Fällen mit den Physio-

---

17) R. *Flegel* „Eine Hangneigungskarte der DDR". Referat auf der Sitzung d. Sektion Kartographie der Geographischen Gesellschaft der DDR, Mai 1961.
18) H. *Louis* „Die Karte als wissenschaftliche Ausdrucksform" a. a. O., S. 249.
19) Hans *Richter* „Eine neue Methode der großmaßstabigen Kartierung" in Pet. Mitt., 1962, S. 310.

topen, wobei wir uns hinsichtlich der Definition des Physiotops Ernst *Neef*[20]) anschließen, der als Physiotop diejenige geographische Flächeneinheit ansieht, „die als Ergebnis der gesamten bisherigen Entwicklung eine gleiche Ausbildung der abiotischen Komponenten und im Rahmen der gegebenen Voraussetzung daher bestimmte Formen des stofflichen Haushalts aufweist."

Es wird die Aussagefähigkeit einer morphographischen Karte erhöhen, wenn es gelingt, einen der nichtbiotischen Partialkomplexe, die bestimmte, mit den Physiotopen oft identische Formbereiche prägen, in die Karte aufzunehmen. Eine solche morphologisch wie ökologisch wichtige Faktorengruppe sind die Böden. Hans *Kugler*[21]), auf dessen Arbeit wir sogleich wegen ihrer grundsätzlichen Bedeutung für eine morphologische, also die Morphogenese berücksichtigende Kartierung noch kurz eingehen werden, hat es verstanden, nicht nur die Form des Bodens, sondern zugleich seine Beschaffenheit durch die Charakterisierung des die Form aufbauenden Materials im Rahmen eines einzigen morphographischen Kartenblattes zu veranschaulichen. Kugler bewegt sich theoretisch in der gleichen Linie morphographischer Darstellung wie Hans Richter und Frankdieter Grimm. Er geht jedoch praktisch einen bedeutenden Schritt weiter, indem er, bewußt eine komplexe morphographische Karte schaffend, zwei untereinander in Beziehung stehende Geofaktorenbereiche, nämlich die Formen *und* das Material, aus dem sie bestehen, zu objektmäßiger Darstellung bringt. Die das Gelände oft markant modellierenden Kanten, kartographisch dargestellt durch verschieden starke Linien, ebenso wie die in der Karte farbig angelegten Neigungsflächen vereinigen sich mit den geschickt gewählten Signaturen für die Gesteinsbeschaffenheit zu einem anschaulichen, plastischen und morphometrisch-morphographisch eindeutigen Kartenbild.

Mit der morphographischen Karte des gekennzeichneten komplexen Typus ist das breite Fundament für Aussagen über die historische Entwicklung des Geländes, also über seine Genese gelegt. Die Geschichte prägte dem Boden die Form auf. Sie wird in der Folge der Zeugnisse klimatisch verschiedener Zeitabschnitte erkennbar, die nicht mit gleichfalls wesentlichen Krustenbewegungen synchron zu sein brauchen. Wie wir bei einem Kunstbauwerk den verschiedenen Stil einzelner Teile nicht als Störung des durch die Epochen sich erhaltenden einheitlichen Grundgedankens empfinden, so spiegelt auch die heutige Form eines Geländes das Nacheinander ihrer Gestaltung, ohne daß wir jedoch in der Lage wären, aus der Form allein Schlüsse auf den Inhalt der Entwicklung zu ziehen. Es ist eine erläuternde Beschreibung der Reliefformen notwendig. *Kugler* bietet sie, indem er in einer zweiten Karte gleichen Maßstabes unter weitgehender Verwendung der Aussagen der rein morphographischen Karte die Prozesse der Landformenbildung andeutet. Die morphologische Karte bringt also im wesentlichen, etwas überspitzt gesagt, zum Ausdruck, was der Morphologe auf Grund einer vergleichenden Untersuchung der Formen der Erdoberfläche, ihrer Ähnlichkeit und Unterschiede, ihrer substanziellen Beschaffenheit und ihrer Genese über ein Stück der Erdoberfläche denkt.

---

[20]) Ernst *Neef*, Gerhard *Schmidt*, Magda *Lauckner* „Landschaftsökologische Untersuchungen an verschiedenen Physiotopen in Nordwestsachsen", Abhandlungen d. Sächs. Akad. d. Wiss., Math. naturw. Kl. Bd. 47, H. 1, 1961, S. 105.

[21]) Hans *Kugler* „Großmaßstäbe geomorphologische Kartierung. Konzeption und Beispiele einer geomorphologischen Grundkarte 1 : 10 000 und einer geomophologischen Karte 1 : 25 000", Dissertation Leipzig 1963 (erscheint als Teilabdruck in „Wiss. Veröff. d. Dt. Instituts für Länderkunde zu Leipzig, Bd. 21/22, 1964).

III. Morphologische Karten

Im Gegensatz zu dem in der morphographischen Karte niedergelegten Tatsachenmaterial, dessen Niederschlag im Kartenbild, z. B. bei der Wahl der Stufen für die Hangneigung, allerdings auch nicht von einer durch morphologische oder praktische Fragestellungen bestimmten Subjektivität ganz frei ist, spiegelt die morphologische Karte das Ergebnis theoretischer Erwägungen. Es zeichnet die Methodik Kuglers aus, daß sie die Ergebnisse der morphologischen Forschung mit den in der morphographischen Karte klar gekennzeichneten Formenverhältnissen in einen engsten Zusammenhang bringt. Hierdurch erreicht die morphologische Karte einen hohen Grad von Durchsichtigkeit. Kugler erreicht die wissenschaftliche Transparenz seines Kartenbildes, indem er die meisten Kartenelemente aus der empirischen, nichterklärenden morphographischen Karte einschließlich der Angaben über das Gesteinsmaterial wie Fließerden, anstehender Fels usw. übernimmt. Nur die Farben wechseln in der morphologischen Karte ihre Bedeutung. Sie dienen· mittels dieses Kunstgriffes der Genese. Das wirkt sich zugleich in einer erheblichen Kostenminderung der Herstellung aus. Die morphologische Karte, an der Institutionen der Planung, der Wirtschaft und Verwaltung in einem viel geringeren Maß interessiert sind als an der morphographischen Karte, kann mit verhältnismäßig geringem Aufwand in einer exakten und zugleich leicht verständlichen komplexen Darstellungsweise aus ihrer Grundform, der morphographischen Karte, entwickelt werden.

Die Aussage der morphologischen Karte gewinnt dadurch wesentlich an Aussagekraft, daß sie Form und Genese scharf trennt. Sie rückt aber dennoch visuell nicht so weit von den Formen ab, daß man nicht klar erkennen könnte, in welche Formen und Formengruppen als landschaftliche Erscheinungen die Wirkungen klimatischer und tektonischer Kräfte eingegangen sind. Die Scheidung zwischen Form und Kraft in der Karte regt zugleich an, manche Mängel der Terminologie[22]) in großen wie in kleinen Maßstäben zu überwinden. Hermann *Lautensach* hat sich in einer zusammen mit E. *Mayer* verfaßten Arbeit mit der Vieldeutigkeit des Begriffes „Meseta" auseinandergesetzt. Lautensach zeigt, wie neben die morphographische Bedeutung, die unter Meseta die Gesamtheit der inneren Hochflächen Zentralspaniens zusammenfaßt, andere strukturelle Begriffsinhalte getreten sind, die gar nicht auf die Form, sondern auf ihren Inhalt zielen und daher eindeutig als variskisch gefaltete „Iberische Maße" zu kennzeichnen wären.

Erheblich ist im Bereich der großmaßstäbigen Kartographie der Fortschritt, der durch eine differenzierende Erfassung der Formenelemente und Formengruppen erreicht wird. Hier tritt an die Stelle der abstrahierenden Generalaussage kleinmaßstäbiger Karten die kartographische Wiedergabe kleiner, nicht mehr teilbarer Flächen, die sich als Formelemente zu Formen und Formengruppen verbinden und als solche Vergesellschaftsgemeinschaften den Charakter von Großformen annehmen. Je höher der Vergesellschaftungsgrad eines Formenbereiches ist, desto größer ist die Wahrscheinlichkeit, daß es polygenetische und mehrphasige Prozesse waren, die reliefschaffend wirkten. Die Abgrenzung von Formeinheiten morphologischer wie morphographischer Art ist so eindeutig durch die Erkenntnis des Wesens der Formelemente und Formen gewährleistet, daß an die Stelle von morphologischen Karten mit be-

---

[22]) H. *Lautensach* und E. *Mayer* „Iberische Meseta und Iberische Masse", Zeitschrift für Geomorphologie, 1961, S. 161.

schränktem Ziel, z. B. die eindrucksvolle Skizzierung des Profilbildes eines Hanges in einem Kartengrundriß durch Ludwig *Hempel*[23]), flächendeckende Karten treten können, deren Inhalt sich in ein festes morphographisches Ordnungsschema einfügen läßt.

C. SCHLUSSBEMERKUNG

Es ist also eine Konkretisierung des Raumes von unten her, die durch die Erfassung von morphographischen Einzelzügen vollzogen wird. Die Formenelemente und Formengruppen gehen in räumliche Teilkomplexe ein, die integral zusammenzufassen sind. Voraussetzung ist eine „Zerlegung" in Elemente und Elementgruppen, die auf eine morphographische Typisierung zielt. Das steht in vollem Einklang mit den Gedanken Hans *Bobeks*[24]) über das logische System der Geographie, die methodisch auch für die Kartographie von grundsätzlicher Bedeutung sind.

---

[23]) Ludwig *Hempel* „Hangdarstellung in der geomorphologischen Karte", Congres internationale de Géographie, Rio de Janeiro 1956, Kommission für Hangstudien, S. 7.
[24]) H. *Bobek* „Gedanken über das logische System der Geographie", Mitt. d. Geogr. Ges. in Wien, Bd. 99, 1957, S. 122 ff.

H. D. DE VRIES REILINGH

Zur Problematik der Gemeindegröße in den Niederlanden

A. DIE ZAHLEN

Das Königreich der Niederlande zählte am 1. Jänner 1961 insgesamt 980 Gemeinden[1] mit einer Gesamtbevölkerung von 11,556.008 Einwohnern, von denen 6.137 auf das zentrale Bevölkerungsregister und 29.748 auf die beiden neuesten IJsselmeerpolder entfielen. Die mittlere Einwohnerzahl der Gemeinden war also 11.755 Einwohner, eine Zahl, welche sich seitdem nur wenig geändert haben dürfte.

Die Streuung der gemeindlichen Einwohnerzahlen ist jedoch sehr groß, wie aus Tabelle 1 hervorgeht:

Einwohnerzahl 1. Jänner 1961	bis 500	500 1000	1000 2000	2000 5000	5000 10000	10000 20000	20000 50000	50000 100000	über 100000
Groningen	—	—	8	26	13	6	2	—	1
Friesland	—	5	1	7	15	9	6	1	—
Drente	—	—	1	13	12	5	2	1	—
Overijssel	—	2	2	11	15	14	4	4	1
Gelderland	—	2	11	31	28	21	9	1	3
Utrecht	—	6	11	21	10	3	4	2	1
N.-Holland	4	9	24	32	21	16	8	2	3
Z.-Holland	2	24	33	42	32	20	9	5	2
Zeeland	5	13	23	38	6	2	2	—	—
N.-Brabant	—	2	12	53	42	22	6	1	3
Limburg	1	7	15	46	21	10	8	8	—
Die Niederlande	12	70	141	320	215	128	60	20	14 [2]

Tabelle 1: Größenklassen der Gemeinden

Diese Tabelle der Anzahl der Gemeinden in den verschiedenen Größenklassen zeigt auch wesentliche Unterschiede zwischen den Provinzen. Während der Modus in den Provinzen Friesland und Overijssel in die Größenklasse von 5—10.000 Einwohner fällt, ist dies bei den anderen Provinzen in der Größenklasse von 2—5.000 Ein-

---

[1] Einschließlich der beiden 1963 an Deutschland abgetretenen Drostämter Elten und Tudderen und ausschließlich der 1961 noch keinen Gemeindestatus besitzenden „Noordoostelijke Polder" und „Zuidelijke IJsselmeerpolders".

[2] Bevolking der Gemeenten van Nederland, Ausgabe vom Centraal Bureau voor de Statistiek, Zeist, 1961, S. 14.

wohnern der Fall. Die Kleingemeinden unter 1.000 Einwohner finden sich vorwiegend im Westen und Süden des Landes, während die Streuung an sich im Westen
auch deutlich größer als im Norden ist.

Die Gemeindegröße wird aber nicht nur durch die zahlenmäßigen, sondern auch durch
die flächenmäßigen Verhältnisse bedingt. Das Territorium der Niederlande umfaßt
insgesamt 36.127 km², einschließlich 2.515 km² Wasserfläche. Obgleich diese Wasserfläche mit Rücksicht auf die Entfernungen eigentlich mitgerechnet werden sollte,
beschränken sich die Statistiker im Hinblick auf die Bevölkerungsdichte meistens
auf die Landfläche, welche also 33.612 km² beträgt. Da der „Noordoostelijke Polder"
und „Oostelijk Flevoland" am 1. Jänner 1961 noch nicht gemeindlich eingeteilt waren,
muß die gemeindlich eingeteilte Landfläche auf 33.612 km² abzüglich 468 km² +
537 km², also mit 32.607 km² festgesetzt werden. Diese Zahl ist jedoch in zunehmendem Maße auch deshalb zu niedrig, weil im dichtbevölkerten Westen des Landes
immer mehr Menschen in Wohnbooten auf dem Wasser leben.

Die obenerwähnten 32.607 km² verteilen sich auf 980 Gemeinden mit einer durchschnittlichen Landfläche von 33,3 km². Auch in diesem Falle ist die Streuung aber
sehr groß, wie aus Tabelle 2 hervorgeht.

Landfläche 1. Jänner 1961	bis 5 km²	5—10 km²	10—25 km²	25—50 km²	50—100 km²	über 100 km²
Groningen	—	1	13	31	8	3
Friesland	4	4	1	4	20	11
Drente	—	—	1	9	15	9
Overijssel	5	2	8	11	15	12
Gelderland	—	11	30	36	20	9
Utrecht	2	7	24	23	2	—
N.-Holland	12	24	57	20	2	4
Z.-Holland	14	40	87	23	4	1
Zeeland	2	21	44	16	6	—
N.-Brabant	3	8	39	57	33	1
Limburg	12	40	36	15	6	2
Die Niederlande	54	158	340	245	131	52 [3]

Tabelle 2: Flächengliederung der Gemeinden.

Hier zeigt die Streuung der flächenmäßigen Größenklassen wiederum wesentliche
Unterschiede zwischen den Provinzen. Es stellt sich klar heraus, daß im allgemeinen
die Gemeinden im Norden des Landes flächenmäßig bedeutend größer sind als im
Süden. In den Provinzen *Friesland, Drente* und *Overijssel* liegt der Modus in der
Größenklasse von 50—100 km², während er in *Limburg* in der Größenklasse von
5—10 km² und in den westlichen Provinzen von 10—25 km liegt. *Groningen, Gelderland* und *Noord-Brabant* nehmen eine Mittelstellung ein.

Der Gegensatz ist aber nicht ganz regelmäßig, weil auch derjenige zwischen sandigen Gebieten einerseits und Marsch- und Poldergebieten andererseits mit im Spiel
ist. Die bei der Gemeindegründung nur noch spärlich besiedelten sandigen Gebiete
haben zur Bildung von umfangreichen Gemeinden Anlaß gegeben, während die altbesiedelten Lößgebiete im Süden *Limburgs* und die Marschgebiete am Meere und
entlang der großen Flüsse flächenmäßig viel kleinere Gemeinden aufweisen. Nur

---

[3] Berechnet aus der Tabelle 1 der unter [2] erwähnten Ausgabe, S 26—58.

Friesland bildet hier eine deutliche Ausnahme, zuerst durch die scharfe Trennung zwischen den traditionellen elf — teilweise recht bescheidenen — Städten und den 33 aus den alten „grietenijen" hervorgegangenen Landgemeinden, sodann auch durch das verhältnismäßig riesige Ausmaß dieser Landgemeinden, unter denen etliche über 200 km² messen und an die 20 Kirchdörfer umfassen. Diese Landgemeinden sind in den Geestgebieten dieser Provinz von derselben Größenordnung wie in den Marsch- und Poldergebieten.

Außerhalb *Friesland* lagen die größten Gemeinden von altersher in den Sandgebieten mit *Apeldoorn* (Gelderland, 339 km²), *Ede* (Gelderland, 320 km²) und *Emmen* (Drente, 276 km²) an der Spitze. Neulich hat man sich aber entschieden, im „*Noordoostelijke Polder*" nur eine Gemeinde im Ausmaß von 468 km² (mit Wasserflächen 503 km²) zu machen, also ein reines Marschgebiet! Dies ist geschehen, nachdem man mit den neuen Einpolderungen *Haarlemmermeer* (181 km²) und *Wieringermeer* (192 km²) als je eine einzige Gemeinde gute Erfahrungen gemacht hatte.

Die Unterschiede in dieser Hinsicht zwischen den Provinzen werden deutlich bei Ermittlung der Durchschnittsgröße ihrer Gemeinden, wie sie die Tabelle 3 zeigt:

Groningen	56	Gemeinden auf 2329 km² =	durchschnittlich		42	km²
Friesland	44	„ „ 3391	„	„	77	„
Drente	34	„ „ 2644	„	„	78	„
Overijssel	53	„ „ 3346	„	„	63	„
Gelderland	106	„ „ 5033	„	„	47	„
Utrecht	58	„ „ 1326	„	„	23	„
N.-Holland	119	„ „ 2689	„	„	23	„
Z.-Holland	169	„ „ 2891	„	„	17	„
Zeeland	89	„ „ 1769	„	„	20	„
N.-Brabant	141	„ „ 4967	„	„	35	„
Limburg	111	„ „ 2221	„	„	20	„

Tabelle 3: Durchschnittsgröße der Gemeinden nach Provinzen

Die Frage, ob der Gegensatz zwischen dem Norden und dem Süden irgendwie zusammenhängt mit demjenigen zwischen Anerbenrecht in den sächsischen und friesischen Gebieten und Realteilung in den fränkischen Gebieten — wobei letztere bekanntlich zu einer größeren Bodenzersplitterung geführt hat — wird unten noch erörtert werden.

Eigentlich wäre es notwendig, einen Unterschied zwischen den kleinen traditionellen Landstädten mit einer stagnierenden Bevölkerung, den in schnellem Wachstum begriffenen Städten und den eigentlichen Landgemeinden zu machen. Die ersteren umfassen meistens nur das Gebiet der ehemaligen Festung, während die zweiten sich durch Eingemeindungen auf Kosten der Landgemeinden vergrößert haben. So stehen Kleinstädte wie *Nieuwpoort* (in Zuid-Holland) mit 0,5 km², *Hasselt* (in Overijssel) mit 1,8 km² und *Dokkum* (in Friesland) mit 2,1 km² Großstädten wie *Rotterdam* mit 151 km², *Enschede* mit 141 km² und *Amsterdam* mit 135 km² gegenüber. In einer Provinz wie Friesland wird dies besonders deutlich, wo nur die Hauptstadt *Leeuwarden* eine Fläche von 62 km² hat, während die übrigen zehn Städte insgesamt nur 92 km² messen, also durchschnittlich kaum 9 km². Demgegenüber erstrecken sich die 33 Landgemeinden dieser Provinz über insgesamt 3.227 km², haben also durchschnittlich fast 100 km² Fläche. In den westlichen und südlichen Provinzen gibt es dagegen auch sehr viele kleine Landgemeinden, was mit aus der geringen Einwohnerzahl zu ersehen ist.

Die flächenmäßige Verteilung der Gemeinden über das niederländische Staatsgebiet
ist also nicht nur regional, sondern auch typologisch äußerst ungleichmäßig. Von der
Typologie der Gemeinden wird weiter unten noch zu sprechen sein.

Einwohnerzahl und Fläche lassen sich zusammenfügen im Maßstab der Bevölkerungsdichte, wie sie in Tabelle 4 dargestellt ist.

Bevölkerungsdichte in Einw./km² 1. Jänner 1961	bis 25	25 — 50	50 — 100	100 — 200	200 — 400	400 — 1000	über 1000
Groningen	—	—	25	19	9	2	1
Friesland	2	2	15	15	4	2	4
Drente	—	5	17	5	4	2	1
Overijssel	—	1	16	18	4	4	10
Gelderland	—	1	12	49	25	14	5
Utrecht	—	—	12	22	11	8	5
N.-Holland	—	3	19	27	28	21	21
Z.-Holland	—	—	26	51	34	28	30
Zeeland	—	4	39	29	10	3	4
N.-Brabant	—	—	21	58	43	13	6
Limburg	—	—	6	36	35	19	15
Die Niederlande	2	16	208	329	207	116	102 [4]

Tabelle 4: Bevölkerungsdichte nach Provinzen

Auch hier ist die Streuung in den verschiedenen Provinzen sehr groß. Jedoch ist sie
unregelmäßiger als in den vorhergehenden Tabellen. Einerseits ist dies eine Folge
der ziemlich groben und willkürlich Wahl der Dichteklassen und andererseits läßt
sich fragen, ob es wohl angebracht ist, städtische und ländliche Gemeinden in derselben Dichtetabelle zusammenzufassen. *Ter Veen*[5] wies auf die Unhaltbarkeit dieses
Verfahrens hin, denn neben der ländlichen Bevölkerungsdichte enthält eine derartige
Tabelle auch das Ausmaß der Verstädterung, weshalb die Zahlen kaum zu Vergleichs-
zwecken verwendbar sind.

Die zwei friesischen Gemeinden mit einer Dichte unter 25 Einwohner pro km² sind
Sonderfälle: es handelt sich hier um die beiden Watteninseln *Vlieland* und *Schier-
monnikoog*, welche durch ihre Isolierung kaum einer anderen Gemeinde zugeschlagen
werden konnten.

Bemerkenswert ist ferner die geringe Bevölkerungsdichte in der altbesiedelten und
ehemals ziemlich stark verstädterten Marschprovinz *Seeland*. Durch die Versandung
der Meeresräume ist die Schiffahrt mancher alten Hafenstadt zugrundegegangen
und ist diese Provinz auf seine Landwirtschaft zurückgeworfen. Dasselbe ist in ge-
ringerem Ausmaß mit der nördlichen maritimen Marschprovinz *Friesland* der Fall
gewesen. Auch für *Groningen* läßt sich ähnliches nachweisen, während *Drente* dagegen als ehemals unselbständige Geest- und Moorkolonie-Provinz früher noch mehr
als jetzt zurückgeblieben ist.

Soweit die Zahlen der heutigen Lage; obgleich sich noch weitere Berechnungen
anstellen ließen, genügt es für die Zwecke dieses Aufsatzes. Nur eines soll noch
bemerkt werden.

---

[4] Bevolking der Gemeenten van Nederland, S. 20.
[5] H. N. ter Veen: Dichtheid van bevolking, in: Tijdschrift voor Economische en Sociale Geografie,
49. Jahrgang Nr. 6, Juni 1958, S. 149—152.

Die heutige Lage bezieht sich auf einen augenblicklichen Zeitpunkt, der jetzt schon vorbei ist. Es vollziehen sich fortwährend Änderungen in diesen Verhältnissen und also auch in den Zahlen — eben weil sich der Prozeß dieser Dynamik nicht gleichmäßig vollzieht.

Einerseits geht die Zahl der Gemeinden langsam zurück — es wird davon noch zu sprechen sein — andererseits ist ein erhebliches Bevölkerungswachstum von 5,104 Millionen Einwohnern im Jahre 1899 auf 11,556 Millionen ultimo 1960 zu verzeichnen.

Das zahlenmäßige Wachstum der Gemeinden wird im allgemeinen bedingt durch den Gemeindetyp; die differenzierte regionale Verteilung der Gemeindetypen verursacht fortwährend Verschiebungen zwischen den Regionen. Hinzu kommt noch, daß in der jeweiligen Zeitspanne eine Gemeinde in eine andere Größenklasse oder auch in einen anderen Gemeindetyp hineinwachsen kann. Dieser dynamische Aspekt ist dermaßen kompliziert, daß er für jeden Fall auf rein statistischem Wege nicht gründlich zu erfassen ist.

Zur Durchleuchtung obiger Zahlen und zur Herstellung des Problems ist es indessen notwendig, die besonderen Umstände des niederländischen Gemeindewesens näher zu erläutern.

B. ZUR ENTSTEHUNG DER NIEDERLÄNDISCHEN GEMEINDEN

Die heutigen staats- und verwaltungsrechtlichen Gemeinden stammen — ungeachtet der französischen Besetzung während der 18. Jahrhundertwende — erst aus dem Anfang des 19. Jahrhunderts, als sie vom neuen König *Willem I* gleich nach der napoleonischen Zeit im Jahre 1816 gegründet wurden. In der alten Republik bis zur französischen Eroberung hatte der Begriff „Gemeinde" eine kirchliche Bedeutung im Sinne von „*kerspel*" (Kirchspiel). Noch immer spricht man in der niederländischen protestantischen Kirche von „*gemeente*", während die römisch-katholische Kirche den Begriff „*parochie*" verwendet.

Die Kirchspiele sind aber nicht die einzige Grundlage der neuzeitlichen bürgerlichen Gemeinden. Ausgenommen die freien Städte gehen die Landgemeinden zum Teil zurück auf Markgenossenschaften und ähnliche öffentlich-rechtliche territoriale Gemeinschaften.

Zumal im anerbenrechtlichen Osten des Landes waren das Gebiet und die Zahl der markbeteiligten Bewohner genau festgelegt im Verhältnis zur wirtschaftlichen Tragfähigkeit der größtenteils autarken Landwirtschaft. Tatsächlich ist nachgewiesen worden, daß sich vom Mittelalter bis in die Neuzeit die Grenzen der Marken und die Zahl ihrer Vollbetriebe kaum geändert haben[6]). Hingegen sind dort die Kirchspiele durch Neugründungen von Kirchen flächenmäßig immer kleiner geworden. Obgleich die kirchlichen Verhältnisse natürlich einen gewissen Einfluß auf die Gemeindegründung ausgeübt haben, wurden die Grenzen der kirchlichen Gemeinden so oft geändert, daß sie der festen, eindeutigen Grundlage entbehrten und die bürgerlichen Gemeinden eher auf die unzweideutigen Gemarkungsgrenzen zurückgreifen mußten.

---

[6]) H. D. de Vries Reilingh: Sociografie van Weerselo, 's Gravenhage, 1949, S. 5—6.
H. D. de Vries Reilingh: Sociografie van Markelo, Sociografieen van Plattelandsgemeenten V, 's Gravenhage, 1949, S. 6—8.

Im realteiligen Süden des Landes ist die Beziehung zwischen den „ghemeynten" —
welche keine Beschränkung in der Zahl der Insassen kannten — und den *Kirch-spielen* enger geblieben. Jene haben also die Spaltungen dieser in größerem Maße
mitgemacht, was zu einer weit größeren gemeindlichen Zersplitterung des Territo-riums führen konnte.

Der Ausgangspunkt der Gemeindegründung König Willems war im wesentlichen
das nodale Prinzip, d. h. daß eine Gemeinde einen Versorgungskern unterster Stufe
samt seinem Versorgungsgebiet umfassen sollte. Diese Versorgung war sowohl geistig
(Kirche und Schule), als auch sozial (Wirtshaus) und wirtschaftlich (Kleinmarkt oder
Laden). In den Sandgebieten, zumal im Osten des Landes, ist dieses im Grunde
Christallersche System[7]) noch immer deutlich erkennbar. In den dichterbevölkerten
maritimen Provinzen Holland und Seeland war die kirchengemeindliche Zersplitte-rung aber schon so weit fortgeschritten, daß die Einheiten für die sozial-wirtschaft-liche Wirkung des nodalen Prinzips zu klein waren. Die mancherorts bestehende
Mischung der Konfessionen in diesen Provinzen mag mit zu dieser gemeindlichen
Zersplitterung geführt haben, obgleich dies im Prinzip ein Grund für eine territoriale
Trennung von kirchlichen und bürgerlichen Gemeinden gewesen wäre.

Hingegen herrschte in der Provinz Friesland von altersher das zonale Prinzip bei
den „grietenijen" als Vorläuferinnen der späteren Gemeinden, da fallweise eher eine
größere Anzahl gleichwertiger Dörfer als ein deutlicher Versorgungskern vorhanden
ist. Der Hauptort dieser Gemeinden ist in vielen Fällen nicht einmal der größte
Ort, sondern derjenige, der zufällig in der Mitte, oder besser im Schwergewichtspunkt
des Territoriums liegt. Einige Gemeinden haben sogar im Laufe der Zeit infolge einer
Verschiebung des Bevölkerungsschwerpunktes den Hauptort gewechselt, wie etwa Utin-geradeel von Oldeboorn nach Akkrum und Ooststellingswerf sogar zuerst von Olde-berkoop nach Makkinga und später von Makkinga nach Oosterwolde.

Es stellt sich also heraus, daß es in der Praxis nicht gelungen ist, die niederländische
gemeindliche Einteilung nach einem allgemeinen Prinzip durchzuführen. Nach regio-nalen Traditionen wurde an verschiedenartige vorhandene Formen angeknüpft und bis-weilen sind für „Restgebiete" willkürliche Entscheidungen getroffen worden. Außer-dem läßt sich fragen, ob sich seit der Gründung im Jahre 1816 nicht derartig funda-mentale Änderungen in den Verhältnissen vollzogen haben, daß es heute an der
Zeit wäre, die gemeindliche Einteilung auf Grund von einheitlichen Prinzipien und
wissenschaftlichen Untersuchungen neu zu gestalten. Die Klage eines Ministers an-läßlich einer Gemeindegrenzänderung im Jahre 1879 hat kaum etwas von ihrer
Gültigkeit eingebüßt: „ . . . ob es nicht wünschenswert wäre, daß die Regierung eine
allgemeine Korrektur der Gemeindegrenzen, da wo diese notwendig erscheinen, zu-stande bringen würde. Die teilweisen Änderungen, welche heute immer wieder an
die Volksvertretung zur Genehmigung überreicht werden, zeigen die Mängel, daß
dabei zu wenig Gemeinden zugleich und in Beziehung zueinander in Betracht ge-zogen werden. Ist es bisweilen äußerst schwierig oder sogar unmöglich, eine gerechte
und zweckmäßige Grenzänderung zu erzielen, so würde diese Arbeit um vieles
erleichtert werden, falls es gestattet wäre, mehrere Gemeinden bei der Grenzänderung
heranzuziehen."[8])

Soweit von Prinzipien die Rede ist, herrscht seit der neuen Verfassung von 1848

---

[7]) W. Christaller: Die Zentralen Orte Süddeutschlands, Jena, 1933.
[8]) H. D. de Vries Reilingh: Sociografie van Weerselo, S. 15.

dasjenige der gemeindlichen Autonomie — zweifelsohne von hohem Wert, aber mit der Schattenseite, daß dieses Prinzip mancherorts zu einem überspannten Lokalpatriotismus und einer gewissen Animosität den Nachbargemeinden gegenüber geführt hat, welche einer freiwilligen Zusammenarbeit im Wege stehen.

Seit 1848 sind städtische und ländliche Gemeinden einander grundsätzlich gleichgesetzt, und es hat sich eine kräftige Demokratie auf unterster territorialer Stufe gebildet, welche in den mittelalterlichen Mark- und Zunftgenossenschaften, in den althergebrachten Wasserhaushaltsverbänden und in den calvinistischen Kirchenräten tief verwurzelt ist. In dieser Demokratie ist die gemeindliche Autonomie ein Grundpfeiler.

C. DIE HEUTIGE PROBLEMATIK

Bei einer Betrachtung der gemeindlichen Einteilung in den Niederlanden stellt sich sofort die Frage nach der prinzipiellen Funktion und Aufgabe der Gemeinde. Es sind hier zwei Blickpunkte im Spiele, die sehr klar aus René *Königs* Arbeit über die Gemeinde hervorgehen[9]. Einerseits ist die Gemeinde eine *„globale Gesellschaft auf lokaler Basis"* auf Grund des „Prinzips der Nachbarschaft"[10] — andererseits ist sie „ein *staatliches Verwaltungsgebilde*" auf niedriger Stufe[11]. In einigen der wichtigsten Weltsprachen wird auch ein sprachlicher Unterschied zwischen beiden gemacht; so im Englischen zwischen „community" und „municipality" und ebenso im Spanischen zwischen „cominudad" und „municipio". Zu welchem Ausmaß dieser Gegensatz führen kann, zeigt z. B. Brasilien, wo es „municipios" vom Umfange der ganzen Niederlande gibt — gewiß sind das keine „comunidades" mehr.

So groß waren die Unterschiede in den Niederlanden allerdings nie und daher wurde man sich des Gegensatzes lange Zeit nicht bewußt. Jetzt aber, da das *„community development"* aktuell geworden ist, sucht man die lokalen Anknüpfungspunkte für diese Bemühungen. Und da stellt sich klar heraus, daß die räumlichen Entwicklungstendenzen entgegengesetzt sind. *Groenman* sprach in dieser Hinsicht vom „sozialen Maximum" gegenüber dem „technischen Minimum". Damit meinte er, daß die Gemeinde im Sinne von „community", als Gemeinschaft mit „. . . zahllosen Formen sozialer Interaktionen und gemeinsamer Bindungen sowie Wertvorstellungen . . . neben zahlreichen Formen innerer Verbundenheiten . . ."[12], nicht über eine Höchstzahl hinaussteigen kann ohne das Wesentliche der persönlichen Verhältnisse einzubüßen. Da ein Durchschnittsmensch nur etwa 400 Mitmenschen persönlich zu kennen imstande ist, wäre das Höchstmaß einer Gemeinde in diesem Sinne etwa 400 Haushalte, also 2.000 Einwohner. Hier liegt das soziale Maximum, und das ist auch die zahlenmäßige Grundlage einer kirchlichen Gemeinde.

Für die „municipality" gelten jedoch andere Maßstäbe, welche mit der Versorgung im weitesten Sinne zusammenhängen. Die niederländischen verwaltungsmäßigen Gemeinden stammen aus dem Zeitalter des Fußverkehrs. Wenn man vom Prinzip ausging, daß jeder Hausvater den Verwaltungs- und Versorgungskern innerhalb einer

---

[9] René König: Grundformen der Gesellschaft: Die Gemeinde, Hamburg, 1958.
[10] O. c., S. 41.
[11] O. c., S. 23.
[12] O. c., S. 28.

Stunde erreichen können sollte, so war das räumliche Höchstmaß einer Gemeinde ein Kreis mit einem Radius von etwa 4 km und einer Fläche von rund 50 km². Bei einer Bevölkerungsdichte von 40 Ew./km², die in den ländlichen Gemeinden des vergangenen Jahrhunderts geläufig war, zählte so eine Gemeinde etwa 2.000 Einwohner — also genau das technische Maximum einer kirchlichen Gemeinde. Aber im heutigen Jahrhundert haben zwei folgenschwere Änderungen dieses Verhältnis wesentlich gestört: das Bevölkerungswachstum und die Maßstabvergrößerung.

Das Bevölkerungswachstum erhöhte die durchschnittliche Bevölkerungsdichte der ländlichen Gemeinden auf ungefähr 150 Ew./km², sodaß etwa die Gemeinde Bedum in der Provinz Groningen mit einer Fläche von 49,95 km² und einer Dichte von 156 Ew./km² jetzt 7.806 Einwohner zählt. Das heißt, daß sie schon nicht mehr als echte „community" wirken kann und der Vergesellschaftung anheim fällt, in ähnlicher Weise wie die größeren Städte.

Die Maßstabsvergrößerung bedeutet, daß die neuzeitlichen Verkehrsmittel dem Hausvater einen weiteren Aktionsradius gestatten. Den alten Leuten und den Kindern allerdings weniger, sodaß auch aus diesem Grunde die Kirche, sowie auch die Schule, eine geringere Maßstabsvergrößerung aufweist als das Rathaus mit seinen Behörden und Diensten. Schon wird auf dem Lande das Zeitalter des Fahrrads überwunden von demjenigen des Mopeds, das innerhalb einer Stunde gut 30 km zurücklegen kann. Da aber der Mensch heute ein größeres „service" von der Verwaltung verlangt, will er nicht viel mehr als eine Viertelstunde spenden für seine Fahrt zum Rathaus. Trotzdem bedeutet die heutige Situation eine Verdoppelung der Höchstentfernung von 4 auf 8 km, wobei der zugehörige Kreis auf 200 km² auswächst. Bei einer ländlichen Bevölkerungsdichte von etwa 150 Ew./km² bedeutet dies aber eine Gesamtbevölkerung von 30.000 Seelen — ist also derjenigen einer Provinzstadt gleichzusetzen. Damit scheint das flächenmäßige „technische Maximum" noch kaum erreicht zu sein: hat man ja als eine Art von Versuch vor kurzem den „Noordoostelijke Polder" zu einer einheitlichen Gemeinde von 468 km² Landfläche gebildet!

Mit dem technischen Minimum ist noch etwas anderes gemeint; allerdings hat es auch mit der Versorgung zu tun.

Genauso, wie die Frage der lebensfähigen Dörfer sich in Beziehung zur Viabilität (Bewohnbarkeit) des flachen Landes gestellt hat, genau so ist die Frage der technischen Mindestgröße einer Gemeinde seit einigen Jahren erörtert worden. Der moderne Mensch fordert von seinen Verwaltungseinheiten eine gepflegte Versorgung, und die gemeindlichen Aufgaben im Hinblick auf Unterrichtswesen, Gesundheitspflege und öffentliche Vorsehungen werden immer anspruchsvoller und spezifischer. Schulen für fortgesetzten Unterricht und fachliche Ausbildung, für geistige und körperlich Rückständige, Kindergärten, Schul(zahn)ärztliche Fürsorge, Altersheime und Spitäler, Schlachthäuser und Fleischkontrolle, Wasserleitung und Kanalisation, Elektrizitäts- und Gasversorgung, Straßen- und Wohnungsbau, ebenso wie die Schaffung von Arbeitsgelegenheit durch Industrialisierung — das sind derzeit gemeindliche Aufgaben, welche zum Teil über den räumlichen und zahlenmäßigen Rahmen vieler Gemeinden hinausgehen.

Besonders im südwestlichen Deltagebiet der Niederlande wurden die Erfahrungen mit den kleinen Gemeinden allmählich immer unerfreulicher. Schon 1956 hat *Jolles* im Auftrag des Institutes für Sozialforschung des niederländischen Volkes (ISONEVO)

einen Bericht verfaßt[13]) und 1959 war er Berichterstatter des Ausschusses, welcher
an die Regierung über „die sozialen Aspekte der räumlichen Entwicklung der südwestlichen Niederlande"[14]) berichten sollte. In beiden Schriften wurde auch der
Problematik der kleinen Gemeinden Aufmerksamkeit gewidmet. Jolles stellt fest,
daß „... die Größe der Gemeinden heute nicht mehr paßt zum Gefüge von Funktionen und Aufgaben, mit welchen nach allgemeinen Kriterien eine moderne Gemeinde
als selbstverwaltende Körperschaft beauftragt ist." „Vom Blickpunkt einer gutaus-
gestatteten, modernen Gemeinde muß über viele Gemeinden des Südwestens
das Urteil „zu klein" ausgesprochen werden."[15]) In den kleinlichen Verhältnissen wird das gesellschaftliche und gemeinbürgerliche Leben gelähmt, während
nicht genügend Menschen von geistigem Niveau vorhanden sind, um die Gemeindeverwaltung und das öffentliche Leben aus eigenen Kräften zu führen. Außerdem hat
sich herausgestellt, daß „... die gemeindliche Einteilung keineswegs in Übereinstimmung ist mit dem informalen Orientierungsmuster"[16]), sodaß auch aus diesem
Grunde eine Korrektur erforderlich erscheint. Jedenfalls ist die jetzige Lage weit
entfernt von einem „gemeindlichen Idealtypus"[17]). Mit der Ausführung der Delta-
Arbeiten wird ein anderer Typ von Gemeinden erforderlich, und tatsächlich werden
auch eingreifende Änderungen vorbereitet, ohne daß der objektive Beobachter den
Eindruck erhält, daß die Behörden bei diesen Maßnahmen von klaren sozialwissenschaftlichen Kriterien ausgehen. Auch der andere Bericht fällt ein derartiges Urteil
über die Kleinheit und den Mangel an sozialer Einheit der Gemeinden im Südwesten[18]).

Nebenbei wäre hier zu beachten, daß in der Literatur kaum stichhaltige Bedenken
wider die größeren Gemeinden in Friesland und in den neuen Poldern laut werden.

Jetzt wird es möglich, diese Problematik in folgende Fragestellungen einmünden zu
lassen:

1. Welches ist heute das zahlenmäßig technische Minimum einer Gemeinde?
2. Welches ist heute das zahlenmäßige technische Maximum einer Gemeinde?
3. Welches ist heute das zahlenmäßige technische Optimum einer Gemeinde?
4. Welches ist heute das flächenmäßige technische Minimum einer Gemeinde?
5. Welches ist heute das flächenmäßige technische Maximum einer Gemeinde?
6. Welches ist heute das flächenmäßige technische Optimum einer Gemeinde?

Jedoch allen diesen Fragestellungen liegt die grundsätzliche Frage zugrunde,
auf Grund welcher sozialwissenschaftlichen Prinzipien heute die gemeindliche Einteilung durchgeführt werden soll.

Zur Beanwortung dieser Fragen müssen wir zuerst noch einen Abstecher machen.

---

[13]) H. M. Jolles: Sociologisches aspecten van Zuid-West-Nederland, Ausgabe vom Instituut voor
Sociaal Onderzoek van het Nederlandse Volk (ISONEVO), Amsterdam, 1956.
[14]) (H. M. Jolles): Sociale aspecten van de ruimtelijke ontwikkeling van Zuidwest-Nederland,
Rapport op verzoek van de „Plancommissie Zuidwest" van de Rijksdienst voor het Nationale
Plan, ('s Gravenhage), 1959.
[15]) H. M. Jolles: Sociologische aspecten, S. 23.
[16]) O. c., S. 24.
[17]) O. c., S. 24.
[18]) (H. M. Jolles): Sociale aspecten, S. 9.

D. DER AUSSCHUSS-TER VEEN

Im Jahre 1941 wurde von den ständigen Provinzialstaaten der Provinz Noord-
Holland ein Ausschuß unter der Leitung des Amsterdamer Soziogeographen *Ter Veen*
beauftragt, über die gemeindliche Einteilung dieser Provinz zu berichten. Obgleich
die Kriegsverhältnisse die Arbeit des Ausschusses erheblich verzögerten, konnte im
Jahre 1949 der erste Bericht, enthaltend die allgemeinen Betrachtungen, veröffentlicht werden[19]).

Hinsichtlich des technischen Minimums waren die wichtigsten Ergebnisse und Empfeh-
lungen des Ausschusses, daß eine Zusammenarbeit von kleineren Gemeinden vielen
wichtigen Aufgaben gegenüber als unzulänglich zu betrachten wäre[20]), daß eine
Mindestgröße für eine lebenskräftiges Gemeindewesen erforderlich wäre[21]), und daß
das technische Minimum im allgemeinen auf 5.000 Einwohner anzusetzen wäre[22]).
Es waren aber auch sachverständige Stimmen laut geworden, welche eine Mindestgröße von 7.000—8.000 und sogar 15.000—18.000 Einwohnern befürworteten[23]).
Demgegenüber war der Ausschuß-Ter Veen geneigt, in Ausnahmefällen unter besonderen Umständen (z. B. Inseln oder alte Marktstädtchen) das Mindestmaß bis
auf 2.000 Einwohner herabzusetzen[24]).

Über die Frage des flächenmäßigen Mindestmaßes der Gemeinde kam der Ausschuß
zu keiner Entscheidung. Es wurde nur empfohlen, die benötigte Zeit zur Erreichung
des Rathauses in Betracht zu ziehen; dabei wird als Höchstmaß eine Entfernung
von 6 km genannt, was einem Kreis mit einer Fläche von etwa 113 km² entspricht[25]).
Dabei wären aber auch landschaftliche, wirtschaftliche und geistig-politische Umstände zu berücksichtigen.

Landschaftlich wären insbesondere deutlich umgrenzte, und von ihrer Umgebung
unterschiedene Polder — zumal im Sinne von Trockenlegungen — als gemeindliche
Einheiten zu gestalten, wodurch sich bisweilen auch ein Zusammenhang mit den
Wasserhaushaltskörperschaften erzielen ließe.

Zu den landschaftlichen, aber ebenfalls wirtschaftlichen und geistig-sozialen Gegen-
sätzen ist derjenige zwischen Stadt und Land zu rechnen; der Ausschuß mutet
diesem Gegensatz tatsächlich eine entscheidende Bedeutung zu. Aus Furcht vor
einer weiteren Urbanisierung des flachen Landes und vor einer Verdrängung der
Landwirtschaft durch Handel und Industrie lehnt der Ausschuß eine Zusammenlegung von städtischem und ländlichem Gebiet grundsätzlich ab[26]). Es wird nur eine
Ausnahme gemacht für kleine Landstädte, welche von altersher auf Grund einer
bescheidenen Markt- und Gewerbefunktion eine enge Beziehung mit ihrem Umland
haben.

Hier wäre folgendes einzuwenden. Seit 1949 hat sich deutlich gezeigt, daß infolge
der fortschreitenden Maßstabvergrößerung und Kommunikation die Urbanisierung

---

[19]) Rapport der Provinciale Commissie ter bestudering van de gemeentelijke indeling van Noord-
holland, Eerste deel: Algemene beschouwingen, Ausgabe von der Vereniging van Nederlandse
Gemeenten, (Haarlem), 1949.

[20]) O. c., S. 19—26.

[21]) O. c., S. 86—95.

[22]) O. c., S. 96—102.

[23]) O. c., S. 100—102.

[24]) O. c., S. 104.

[25]) O. c., S. 111.

[26]) O. c., S. 33—53.

unwiderstehlich auf das Land vordringt, und daß zumal die kleineren Landgemeinden diesem Prozeß ziemlich wehrlos ausgeliefert sind. Demgegenüber haben die Bauern in den Niederlanden gezeigt, daß sie sich auch als Minderheit durch ihre kräftige Organisation geltend machen können, weil ja die Landwirtschaft endgültig Exportbetrieb ist. Bei dieser quantitativen Minderheit kommt es auf die Qualität an, und die Bauernschaft kann nur im Rahmen von Provinzen und größeren Gemeinden über genügend tüchtige Vertreter verfügen.

Die Zusammenlegung von städtischem und ländlichem Gebiet in einer Gemeinde würde sogar der Empfehlung des Ausschusses selber, nämlich der einer gewissen wirtschaftlichen Vielseitigkeit einer Gemeinde zur Sicherung der Arbeitsgelegenheit entgegenkommen. Andererseits lehnt der Ausschuß eine gleichmäßige Industrialisierung des ganzen flachen Landes ab, eben um dessen überwiegend agrarisch-ländlichen Charakter zu bewahren.

Der Ausschuß hat aber nicht genügend vorausgeahnt, inwieweit das starke Bevölkerungswachstum der Niederlande nach dem zweiten Weltkriege die Frage der Arbeitsgelegenheit in ländlichen Gemeinden — zumal wo die Moorkolonisation und die Möglichkeit zur Urbarmachung von Ödland zu Ende gehen — zu einem heiklen Problem machen würde. So hat sich z. B. sogar in dem als Modellkolonie geplanten Wieringermeerpolder seit dem letzten Jahrzehnt eine derartige landwirtschaftliche Arbeitslosigkeit gezeigt, daß die jungen Leute gezwungen sind, alltäglich zu den IJmuidener Hochöfen in einer Entfernung von 50 km zu pendeln. Aus der Modellkolonie ist ein Problemgebiet geworden! Dies bedeutet, daß die Industrialisierung des flachen Landes unumgänglich geworden ist, aber mit Recht haben die verantwortlichen Behörden sich für deren Konzentration in ländlichen und offiziell als solche angedeuteten Industriekernen entschieden. Dazu werden nur die größeren Dörfer und Landstädte auf Grund einer sorgfältigen Standortanalyse, meistens in einer Entfernung von etwa 20 km voneinander ausgewählt — im Grunde also wieder gemäß dem Christallerschen System. Die Masse der ländlichen Industriearbeiter hat dann also nur höchstens 10 km zu pendeln, während die agrarische Landschaft größtenteils ungestört bleibt. Hier wächst also ein enger Zusammenhang zwischen Stadt (bzw. Industriekern) und Umland auf und es wäre doch einleuchtend, diese Einheit auch zu einer verwaltungsmäßigen Einheit, also einer Gemeinde, zu vereinigen.

Tatsächlich gibt es in den Niederlanden manche Beispiele für diese Situation: öfters besitzen sogar kleinere Städte zwei Rathäuser: eines für die Stadt und eines für dessen Umland, wie auch aus den Namen hervorgeht: z. B. Franeker und Franekeradeel in Friesland, Stad-Delden und Ambt-Delden in Overijssel, Weesp und Weesperkarspel in Noord-Holland. In einigen Fällen ist die Zusammenlegung schon vor vielen Jahren zustandegekommen, z. B. die Vereinigung von Stad-Almelo und Ambt-Almelo, Stad-Hardenberg und Ambt-Hardenberg, Stad-Ommen und Ambt-Ommen, sowie die größere Zusammenlegung von der Stadt Enschede mit der die ganze Stadt umgebenden ländlichen Gemeinde Lonneker, wodurch eine flächenmäßig größtenteils ländliche Gemeinde im Ausmaß von 141 km^2 mit 126.000 Einwohnern entstanden ist. In diesen Fällen hat also entgegen den Auffassungen des Ausschusses Ter Veen das nodale Prinzip den klaren Sieg über das zonale Prinzip davongetragen. Und in der Praxis wirkte die Vereinigung durchaus befriedigend!

In dieser Weise kann der alte Gegensatz zwischen Stadt und Land überbrückt und in eine fruchtbare Zusammenarbeit verwandelt werden in einer gemeindlichen Einheit, in welcher allerdings zahlenmäßig die Stadt, flachenmäßig aber das Land überlegen ist. Zu ähnlichen Ergebnissen gelangte in Deutschland *Isbary* in verschiedenen Untersuchungen, zumal im Siegerland, im Saargebiet und in Niedersachsen[27]).

Hat also der Ausschuß-Ter Veen die Möglichkeiten der Zusammenlegung von Gemeinden zweifelsohne unterschätzt, so hat er die Möglichkeit der Zusammenlegung von Gemeinden verschiedener geistig-politischer Struktur meines Erachtens überschätzt. „Die Erfahrung hat gezeigt, daß in der Provinz Noord-Holland ein konfessioneller Unterschied kein Hemmnis zu sein braucht für eine gute und fruchtbare Zusammenarbeit in der Gemeindeverwaltung, sodaß im allgemeinen die Struktur der Bevölkerung mit Hinblick auf ihre kirchliche Gesinnung kein Faktor zu sein braucht bei der Beurteilung des Grenzverlaufs"[28]), lautet eine der diesbezüglichen Schlußfolgerungen des Ausschusses. Nur in Fällen, wo der Geburtenüberschuß bei den Katholiken erheblich höher ist als bei den Protestanten, könnten die zahlenmäßigen Verschiebungen zu sozialen Spannungen führen, welche eine Zusammenlegung von derartig verschiedenen Gemeinden erschweren könnten. Das nächste Ergebnis des Ausschusses ist dann auch: „Eine Ausnahme ist nur dann gerechtfertigt, wenn in einem bestimmten Gebiet die ganze oder fast die ganze Bevölkerung dieselbe kirchliche Gesinnung hat, welche abweicht von den religiösen Auffassungen in der Umgebung, und wenn sie sich nach Charakter und Gewohnheiten von der Bevölkerung dieser Umgebung unterscheidet."[29])

Hier scheint der Ausschuß den Fehler gemacht zu haben, von der Lage in althergebrachten Gemeinden auszugehen, wo sich schon eine gewisse Tradition der Verständigung herausgebildet hat. Aber für die Zusammenlegung geistig-politisch verschiedenartiger Gemeinden zu neuen Einheiten liegen die Verhältnisse ganz anders. Wenn die bestehenden Nachbargemeinden eine verschiedene partei-politische Vertretung besitzen — und in den Niederlanden ist die politische Parteibildung zu einem wichtigen Teil nach konfessionellen Trennungslinien geschaffen worden — so kann bei einer Zusammenlegung die politische Mehrheit in einer der ehemaligen Gemeinden verlorengehen. Und da die kleineren Gemeinden mehr protestantische Splitterparteien und rein örtliche Interessenverbände aufweisen, würde ihr Einfluß dem einheitlicheren politischen Katholizismus gegenüber zurückgehen.

Aus dieser Situation ergeben sich Schwierigkeiten, welche von Fall zu Fall zu lösen sind und bei der Grenzziehung in Betracht gezogen werden sollten. Der Eingriff in bestehende Verhältnisse erfordert immer große Umsicht.

Über die Frage des zulässigen Höchstmaßes einer Gemeinde wagt der Ausschuß sich nicht zu entscheiden. Er fragt sich nur, ob die moderne Großstadt wünschenswert sei und ob da nicht Zerfallserscheinungen — etwa im Mumford'schen Sinne — zu beobachten wären. Die optimale Größe (nur hier wird im Bericht des Ausschusses

---

[27]) G. Isbary: Leitgedanken zur Raumordnung im Siegerland, Mitt. Inst. Raumforschung, Bad-Godesberg, 1959.
Ders.: Regionale Probleme der Raumordnung, Herausg. Landkreis Saarbrücken, 1963, insbes. S. 5—26.
Ders.: Raumordnung und territoriale Verwaltungsgliederung, in: Raumordnung und kommunale Selbstverwaltung, Herausg. Niedersächsisches Ministerium des Inneren, 1962, S. 59—84.
[28]) O. c., S. 72.
[29]) O. c., S. 76.

dieser Begriff erwähnt) einer Stadt läge daher etwa zwischen 60.000 und 100.000 Einwohnern[30]). Aber die Aussagen sind doch dermaßen unsicher, und das Wachstum der Städte scheint doch dermaßen unaufhaltsam, daß es dem Ausschuß unangebracht erscheint, Maßstäbe für die maximale Einwohnerzahl von städtischen Gemeinden festzusetzen. Bei meinen weiteren Ausführungen wird von diesem Punkte noch die Rede sein.

E. NÄHERE BETRACHTUNGEN

Es hat sich aus dem Vorhergehenden gezeigt, daß die Frage der gemeindlichen Einteilung besonders schwierig und kaum befriedigend zu lösen ist. Einerseits wegen der sozialen Dynamik, welche die starren Gemeindegrenzen immer wieder zu sprengen droht — andererseits, weil die Einwohnerzahl und die Maßstabsvergrößerung flächenmäßig entgegengesetzte Tendenzen besitzen. Gemeinde im Sinne von „community" und Gemeinde im Sinne von „municipality" gehen flächenmäßig immer mehr auseinander.

Während nun für die Kirchengemeinde die Z a h l e n entscheidend sind, könnte man für die Bürgergemeinden behaupten, daß über ein gewisses zahlenmäßiges Mindestmaß die F l ä c h e immer mehr ins Gewicht fällt, weil diese Gemeinden sich in wachsendem Maße auf das Gebiet der R a u m p l a n u n g begeben und diese nur in einer gewissen Großzügigkeit betrieben werden kann.

Nun muß dazu bemerkt werden, daß in den Niederlanden seit dem vorigen Jahrhundert eine Verringerung der Gemeindezahl festzustellen ist: durch Abbau vieler Kleinstgemeinden ging die Zahl von etwa 1.400 zurück auf unter 1.000. Dadurch wurde der Gegensatz zum kleineren Belgien, das nach französischem Muster seine rund 2.600 Gemeinden behalten hat, seit der Trennung im Jahre 1830 immer größer. Diesem Rückgang von etwa 30% in der Gemeindezahl, wodurch die Durchschnittsfläche vergrößert wurde, steht eine Vergrößerung der Landfläche durch Einpolderung von Wasserflächen von insgesamt etwa 4% der Landfläche gegenüber; dazu gehören allerdings auch der „Noordoostelijke Polder" und „Oost-Flevoland", die 1961 noch nicht eingemeindet waren.

Der zahlenmäßige Rückgang der Gemeinden fiel mit einem erheblichen Bevölkerungswachstum von rund 3 Millionen Einwohnern im Jahre 1850 auf gut 5 Millionen um 1900 bis auf 11,5 Millionen im Jahre 1960 zusammen. Das entspricht ungefähr einer Verfünffachung der mittleren Einwohnerzahl der Gemeinden und fast einer Vervierfachung ihrer Bevölkerungsdichte seit 1850.

Diese Zahlen zeigen deutlich den dynamischen Charakter des Problems, und man muß sich vergegenwärtigen, daß sich seit dem Bericht des Ausschusses-Ter Veen im Jahre 1949 auch schon wieder manches geändert haben wird. Richtlinien für eine Lösung der Problematik werden diesen Veränderungen Rechnung zu tragen haben. Jedenfalls wird eine Lösung die ungleichmäßige Verteilung der Gemeindeflächen über das niederländische Territorium zu beseitigen versuchen müssen, da diese Verteilung unlogisch ist und noch aus einer längst überholten Bevölkerungsverteilung, als die Sandgebiete noch spärlich besiedelt waren, stammt. Heute aber zeigen gerade die reinen Marschgebiete — nur mit Ausnahme einiger Gartenbaugebiete — eine Stagnierung der Bevölkerung, während gerade die Sandgebiete infolge des festeren

---

[30]) O. c., S. 83—86.

Baubodens, der billigeren Grundstückspreise und der besseren Grundwasserverhältnisse teilweise eine schnelle Industrialisierung aufweisen.

Einerseits scheint es ungerecht, daß die Gebiete mit kleineren Gemeinden finanziell vom Staate bevorzugt werden — denn die Gemeindesteuern sind in den Niederlanden nur von sehr untergeordneter Bedeutung für den Gemeindehaushalt — und daß es unverhältnismäßig mehr Bürgermeister und Gemeinderatsmitglieder von kleinen Gemeinden gibt, die gelegentlich als „pressure group" wirken können. Andererseits aber sind eben die Sandgebiete mit ihren größeren Gemeinden tatsächlich bevorzugt, weil die Verhältnisse dort zweckmäßiger sind und sie z. B. eine kräftigere Industrialisierungspolitik durchzuführen und auch die Viabilität des flachen Landes besser zu versorgen imstande sind. *Gerade in den Kleinstgemeinden kündigt sich schon eine bedenkliche qualitativ-selektive Landflucht an.*

Die große Zahl der kleinen Gemeinden hat auch noch zu einem Mißverhältnis in der harmonischen Hierarchie von Staat, Provinz und Gemeinde geführt. Während das Königreich in elf (vielleicht mit der Zuiderseeprovinz in Zukunft zwölf) Provinzen eingeteilt ist, zählt die Provinz Zuid-Holland sogar 169 von den 980 Gemeinden. Nicht weniger als fünf von den elf Provinzen zählen über 100 Gemeinden! Hierarchisch würde die Zahl eher um elf liegen müssen, wenn die Gemeinden sich den Provinzen gegenüber in gleichem Maße geltend machen könnten als die Provinzen dem Staat gegenüber.

Deshalb ist die Frage zu klären, ob nicht eine neue Instanz zwischen Provinz und Gemeinde einzuschalten wäre. Andere Staaten verfügen über derartige für Verwaltung und Planung wichtige territoriale Einheiten in der Gestalt der „Arrondissements" in Belgien, der „Sous-Préfectures" in Frankreich, der „Kreise" in Deutschland und der „Bezirke" in Österreich. Daß in den Niederlanden solche Einheiten fehlen, macht sich immer stärker spürbar und es wird befürwortet, jede Provinz in durchschnittlich zehn „Arrondissements" mit durchschnittlich zehn Gemeinden einzuteilen.

Dabei ist aber zu befürchten, daß in diesem Falle die Gemeinden zu viel an Funktion und Lebensfähigkeit einbüßen würden — wie das in Belgien auch tatsächlich der Fall ist — und damit in ihrer gemeindlichen Autonomie bedroht würden. Außerdem scheinen für die Niederlande vier politische Vertretungen auf verschiedener Stufe des Guten zu viel zu sein, wozu überdies auch eine nicht so leicht zu verwirklichende Änderung der Verfassung notwendig wäre.

Die übergroße Lücke zwischen Provinz und Gemeinde wäre hingegen besser zu überbrücken, wenn diese eine durchschnittliche Vergrößerung erführe. Auch finanziell wäre diese Lösung zu bevorzugen. Bei einer Vergrößerung der Provinzzahl und einer Verringerung der Gemeindezahl ließe sich eine harmonischere Hierarchie erzielen.

Inwieweit innerhalb der Gemeinden noch öffentlich-rechtliche Körperschaften zur Pflege von rein örtlichen Interessen oder von Teilfunktionen eingesetzt werden sollten, wäre von Fall zu Fall näher zu überprüfen. Neben dem offiziellen Rathaus wären vielleicht an einigen anderen Orten der Gemeinde Hilfssekretariate zu gründen — ähnlich wie bei der Postverwaltung.

Dies alles wäre nicht nur eine Frage der Effizienz, aber jedenfalls eine Einsparung an Menschen und Geld. Die heutige Lage mit dem etwas verkrampften Bestreben jeder Gemeinde, einen vollständigen Apparat und ein überrepräsentatives Rathaus zu erhalten, in einem Konkurrenzbestreben, das der überkommunalen Zusammenarbeit verhängnisvoll im Wege steht, wäre damit in gesunder Weise abzubauen. Die Niederlande haben schon genügend gute Erfahrungen mit größeren Gemeinden gemacht, um diesem Weg konsequent weiter zu folgen.

Allerdings wurden auch Stimmen laut, die in einer fortwährenden Vergrößerung der Gemeinden keine endgültige Lösung zu erblicken vermögen und eher für verschiedene Funktionen jeweils territorial verschiedene Zweckkörperschaften befürworten. Tatsächlich hat die niederländische Verfassung neben der althergebrachten Dreiteilung der territorialen Verwaltungsinstanzen die neue Möglichkeit dieser öffentlichrechtlichen Verbände geschaffen.

Dies würde aber zu einem Funktionsverlust der Gemeinden zugunsten von fließenden, der politischen Vertretung entzogenen Einheiten führen, welche die gefühlsmäßige Bindung der Bevölkerung an die Gemeinde und somit ihre Beteiligung und die demokratische Autonomie gefährden. „Gebieten" und „Gebiet" hängen nun einmal unlöslich zusammen!

Im Rahmen der Hierarchie wäre noch die Frage nach dem Höchstmaß einer Gemeinde zu erwähnen. Der Ausschuß-Ter Veen hat mit seiner spärlichen Aussage in diesem Punkte meines Erachtens das eigentliche Problem nicht berührt. Es gibt in den Niederlanden nämlich drei Großstadtgemeinden, welche an Einwohnerzahl die ideal-typische Hierarchie sprengen. Die Hauptstadt *Amsterdam* zählt als Gemeinde 866.000 Einwohner (als Agglomeration allerdings schon etwa eine Million), d. h. mehr als die Einwohnerzahl von sechs der elf niederländischen Provinzen. Bei der Gemeinde *Rotterdam* (730.000 Einw.) ist dies mit fünf und bei der Gemeinde *'s Gravenhage* (610.000 Einw.) mit vier der Provinzen der Fall. Amsterdam beheimatet mehr als 40% der Bevölkerung von Noord-Holland, dessen Hauptstadt Haarlem nur 8% zählt und sich Amsterdam gegenüber bisweilen schwer behaupten kann.

Angesichts dieser Tatsachen liese sich die Frage erörtern, ob die drei Großstädte, welche klar den provinziellen Rahmen sprengen, nicht den Provinzstatus erhalten und eventuell selber nach den verschiedenartigen Vierteln in kleinere gemeindliche Einheiten eingeteilt werden sollten. Derartiges ist doch auch geschehen mit London (County), Paris (Département Seine) und Wien (Bundesland).

Auf diese Weise würde die Zahl der Provinzen auf 14 oder 15 erhöht werden, und vielleicht durch weitere Spaltung der Provinzen Noord-Holland, Zuid-Holland, Noord-Brabant, Gelderland und Overijssel auf etwa 20.

F. RICHTLINIEN FÜR EINE LÖSUNG

Es scheinen jetzt genügend Kriterien vorhanden zu sein, um eine Beantwortung der bei der Problemstellung erwähnten Fragen versuchen zu können.

a) Zur Frage der Mindestzahl hat der Ausschuß-Ter Veen im allgemeinen einen Maßstab von 5.000 Einwohnern festgelegt. Nach diesem Maßstab würden von den heutigen 980 Gemeinden gleich 542 als zu klein ausscheiden. Die übrigen 438 Gemeinden würden demnach durch eine Anzahl zusammengelegter Gemeinden vergrößert werden. Seit 1949 aber hat sich die Maßstabsvergrößerung dermaßen durchgesetzt, daß neuere Untersuchungen[31]) schon für ein lebensfähiges Dorf — wenigstens in weltanschaulich gemischten Gegenden — ein Mindestmaß von etwa 3.000 bis 5.000 Einwohner ansetzen. Ich wäre also eher geneigt, das Mindestmaß einer Gemeinde heute im allgemeinen auf 10.000 Einwohner zu setzen. Die Gefahr kleinerer Gemeinden ist nicht nur der Mangel an leistungsfähigen Persönlichkeiten angesichts der erweiterten und erschwerten Aufgaben der Gemeindebehörden, sondern auch das Auftreten von kleinlichen, rein örtlichen Interessenverbänden bei den Gemeinderatswahlen. Die Verhältnisse sind zu persönlich für eine richtige politische Vertretung; sie werden alle zu sehr beherrscht von den intrafamilialen Bindungen und den ebenso starken interfamilialen Spannungen im Dorfleben. Und gerade die Kleinstgemeinden scheinen aus Furcht vor einer Bedrohung ihrer Eigenständigkeit am wenigsten zu einer überkommunalen Zusammenarbeit geneigt zu sein.

Auch auf einem anderen Weg gelangt man zu einem derartigen Ergebnis. Bei harmonischen hierarchischen Verhältnissen sollte der Größenabstand zwischen Gemeinde und Provinz verhältnismäßig gleichartig sein zu demjenigen zwischen Provinz und Staat. Die zahlenmäßig kleinste Provinz *Zeeland* zählt an die 300.000 Einwohner, also noch keine 3% der Landesbevölkerung. Diese 3% bezogen auf das Verhältnis zwischen dieser Provinz und ihrer kleinsten Gemeinde würde den Maßstab von 10.000 Einwohnern ergeben.

Nur unter besonderen Umständen wäre dieses Maß herabzusetzen, etwa bei einer sehr geringen Bevölkerungsdichte von weniger als 50 Ew./km². In diesem Falle würde man für 10.000 Einwohner eine Fläche von 200 km² brauchen, was unter Umständen zu viel sein kann.

b) Als *Höchstzahl für eine Gemeinde* wären 500.000 Einwohner anzusetzen. Es gibt nur zwei Provinzen im Lande (Zeeland und Drente), die weit unter dieser Zahl bleiben und der Charakterunterschied zwischen unseren drei größten Städten und den anderen Städten über 100.000 Einwohner ist dermaßen groß, daß es unerwünscht erscheint, obigen Maßstab weiter herabzusetzen. Die nächste Stadt Utrecht (256.000 Einwohner) paßt gut in ihre gleichnamige Provinz, obgleich diese einer der kleineren des Landes ist.

c) Ein *Optimum für die Einwohnerzahl* einer Gemeinde ist schwer anzugeben. Es wäre nur möglich, sehr globale Größengrenzen festzusetzen, z. B. von 30.000 bis 60.000 Einwohner. Tatsächlich gibt es Ausführungen, welche zu diesem Ergebnis kommen[32]), aber in diesem Zusammenhang wäre diesen nur beschränkte Bedeutung beizumessen. Man würde auch genauso gut sagen können: irgendwo in der verhältnismäßigen Mitte zwischen Minimum und Maximum.

d) Falls man neben dem obenerwähnten Minimum von *5.000 Einwohnern* eine *Mindestfläche von 10 km²* als notwendig erachtete, so würden von unseren 980 Gemeinden nur 396 dieser gemeinsamen Forderung entsprechen. Diese Berechnung ist

---

[31]) H. D. de Vries Reilingh: Geographical Planning for Agriculture in Overcrowded Areas, in: Tijdschrift van het Koninklijk Nederlandsch Aardrijkskundig Genootschap, Congresaflevering Stockholm, Juli 1960 (Reeks II, Deel LXXVII, No. 3), Leiden, S. 359.

A. K. Constandse: Het Dorp in de IJsselmeerpolders, sociologische beschouwingen over de nieuwe plattelandscultuur en haar implicaties voor de planologie van de droog te leggen IJsselmeerpolders, Zwolle, 1960, passim und besonders S. 266—275.

[32]) De Verspreiding van de Bevolking in Nederland, Deel I: Probleemstelling, Rapport voor de Rijksdienst voor het Nationale Plan door het Instituut voor Sociaal Onderzoek van het Nederlandse Volk (ISONEVO), ('s Gravenhage), 1949, S. 40.

aber irreführend, da in ländlichen Gegenden bei einer Bevölkerungsdichte von sogar
200 Ew./km² eine Gemeinde mit 5.000 Einwohnern doch eine Fläche von 25 km²
benötigt. Man darf das Raumbedürfnis einer modernen Gemeinde auch deshalb
nicht unterschätzen, weil neben dem Bedarf für die Wirtschaft, das Wohnungswesen
und den Verkehr auch den räumlichen Bedürfnissen für Militär- und Industriege-
lände, Sportplätze, Parks und Naturräume zur Erholung, Friedhöfe, Kläran-
lagen für die Kanalisation, Verbrennungsanstalten oder Fließwiesen für allerhand
Abfälle aus den Haushalten und den Industrien, ebenso Rechnung zu tragen ist, wie
der Vorsorge für Ausbreitungsmöglichkeiten.

Eine allgemeine Forderung von *5.000 Einwohnern* und *25 km² Fläche* würde die
Zahl der Gemeinden gleich auf 279 herabsetzen, vermehrt mit aus Zusammenlegung
neu zu bildenden Gemeinden. Das Merkwürdige ist aber, daß nicht einmal Provinz-
hauptstädte wie *'s Hertogenbosch* (Noord-Brabant) und *Zwolle* (Overijssel) dieser
gemeinsamen Forderung aus Flächenmangel entsprechen!

Das Minimum von 25 km² wäre auch noch auf anderem Wege zu ermitteln. Die
flächenmäßig kleinste Provinz *Utrecht* mit 1326 km² würde bei einem Mindestmaß
von 25 km² je Gemeinde noch immer 53 Gemeinden zählen können. Dies nähert sich
besser der gewünschten Zahlenordnung als die 132 Gemeinden, welche bei 10 km²
möglich wären.

e) Das *Höchstmaß einer Gemeinde* ist einerseits abhängig von den zu überwindenden
Entfernungen und andererseits vom flächenmäßigen Verhältnis zur Provinz. Der Entschluß, den ganzen „Noordoostelijke Polder" zu einer Gemeinde von fast 500 km²
zu machen, war eigentlich eine umstrittene Notlösung, weil versäumt worden war,
rechtzeitig zweckmäßige Maßnahmen für die gemeindliche Einteilung dieses neuen
Gebietes zu treffen. Auf Grund von erträglichen Entfernungen wäre eher an
ein Höchstmaß von etwa 300—400 km² zu denken. Sonst geräte man auch zu nahe
an die Größenordnung der Provinzen. Im Verhältnis zum Königreich, das elf Provinzen — in Zukunft vielleicht etwas mehr, aber bestimmt nicht weniger — zählt,
würde das Höchstmaß einer Gemeinde 1/11 der größten Provinz — das ist Gelderland mit seinen 5.033 km² — sein, also rund 400 km².

f) Auf Grund des nodalen Prinzips wäre die *optimale Fläche* einer Gemeinde genauer
anzugeben als ihre *optimale Einwohnerzahl*. Ich möchte von einem Quadrat mit der
Seitenlänge von 10—12 km ausgehen, was eine Fläche von 100 bis rund 150 km²
ergeben würde. Diesem Maßstab entsprechend wäre das Territorium der Niederlande in etwa 300 Gemeinden einzuteilen, was auch den anderen Maßstäben ent-
spräche.

Selbstredend geht es hier nur um *Größenordnungen;* ihre Anwendung soll von Fall
zu Fall sorgfältig geprüft werden. Und wenn man an die tatsächlich bestehenden
Gemeinden herantritt, so stellt sich heraus, daß diese Maßstäbe sowohl regional als
auch typologisch differenziert werden müssen.

Dies führt zu der *Gemeindetypologie.* Seit einigen Jahren verfügen wir in den
Niederlanden über eine derartige Gemeindetypologie nach dem Grade der Urbanisierung[33]). Diese Typologie ist folgendermaßen aufgebaut:

A = *Ländliche Gemeinden:*

    A 1 = mit mehr als 50 v. H. landwirtschaftliche Bevölkerung;

---

[33]) Typologie van de Nederlandse gemeenten naar urbanisatie-graad 31 mei 1947 en 30 juni 1956,
    Ausgabe vom Centraal Bureau voor de Statistiek, Zeist, 1958.

A 2 = mit 40—50 v. H. landwirtschaftliche Bevölkerung;
A 3 = mit 20—40 v. H. landwirtschaftliche Bevölkerung.

B = *Gemeinden mit Übergangscharakter* (urbanisiertes flaches Land):
  B 1 = größter Ort mit weniger als 5.000 Einwohnern;
  B 2 = größter Ort mit 5.000 bis 20.000 Einwohnern;
  B 3 = spezifische Pendelverkehrsgemeinden (über 30 v. H. Wohnpendler,
        über 60 v. H. allochthone Berufsbevölkerung, über 40 v. H. Beamte auf
        100 Arbeiter);
  B 4 = heterogene Übergangsgemeinden.

C = *Städtische Gemeinden:*
  C 1 = Landstädtchen mit 2.000 bis 10.000 Einwohnern;
  C 2 = Kleinstädte mit 10.000 bis 30.000 Einwohnern;
  C 3 = Mittelstädte mit 30.000 bis 50.000 Einwohnern;
  C 4 = Mittelgroße Städte mit 50.000 bis 100.000 Einwohnern;
  C 5 = Großstädte mit mehr als 100.000 Einwohnern.

Es ist hier nicht am Platz, Einwendungen wider dieses Schema zu erheben. Es genügt hier um zu spüren, daß für jeden Gemeindetyp eigene, jedenfalls flächenmäßige und vielleicht auch zahlenmäßige Maßstäbe geltend gemacht werden können. Gemeinden vom Typ A 1 z. B. brauchen eine größere Fläche für dieselbe Bevölkerungszahl als die A 2-Gemeinden und diese wieder mehr als die B-Gemeinden.
Mir fehlen im Augenblick die Grundlagen um diese Verfeinerung der Maßstäbe weiter auszuarbeiten. Dazu scheint mir diese Typologie auch zu einseitig nur auf die Urbanisierung ausgerichtet, und ausgerechnet in dieser Hinsicht wechseln die Gemeinden am schnellsten ihre Stellung im Schema. Dies geht deutlich hervor aus einem Vergleich der beiden Jahre 1947 und 1956 — also eine enge Zeitspanne.
Tiefergreifend und wahrscheinlich geeigneter für diesen Zweck scheint mir daher die Typologie, wie sie von der Schule des Wiener Sozialgeographen *Bobek* ausgearbeitet wurde[34]. Diese Typologie ist komplex-funktionell nach folgenden Kriterien aufgebaut:

1. die wirtschaftliche Struktur der berufstätigen Bevölkerung;
2. der Pendlerverkehr (sowohl Einpendler als auch Auspendler);
3. die soziale Gliederung (im Sinne von Schichtung);
4. die zahlenmäßige Größenklasse;
5. die Pensionisten- und Rentnerquote.

Diese Typologie wurde für das Bundesland Kärnten schon kartiert.
Es wäre wünschenswert, einmal den Versuch anzustellen, diese Typologie auch auf die Niederlande anzuwenden. Erst wenn dies geschehen wäre, gäbe es die Möglichkeit, mittels dieser Typologie an die Frage der niederländischen gemeindlichen Einteilung heranzutreten.
Jedenfalls ist es notwendig, möglichst dauerhafte Merkmale aufzuspüren, denn Änderungen von Gemeindegrenzen sind dermaßen eingreifend für die Verwaltung (z. B. Kataster, Straßenbau und -unterhalt, Kanalisation, Wasserleitung, Elektrizitäts-

---

[34] H. Bobek, A. Hammer & R. Ofner: Beiträge zur Ermittlung von Gemeindetypen, Schriftenreihe der Österreichischen Gesellschaft zur Förderung von Landesforschung und Landesplanung, Ausgabe im Selbstverlag, (Klagenfurt), 1955.

und Gasversorgung, Steuerwesen, usw.), daß sie nur durchzuführen sind bei einer
gewissen Garantie der Dauerhaftigkeit. Daher ist es auch einfacher, zwei oder sogar
mehrere Gemeinden zusammenzufügen, als die Grenzen untereinander zu ändern.
Die niederländische Typologie scheint insbesondere auf die Änderungen der Gemeinden zugerichtet zu sein und eignet sich deshalb weniger als Leitfaden für die
gemeindliche Einteilung.

Wie dem auch sei — der Einwand, den man wider jegliche Verwendung einer Gemeindetypologie bei der gemeindlichen Einteilung erheben kann, ist der, daß sie im
Grunde vom Prinzip der Zonalität ausgeht, während man sich zu jenem Zweck besser
für das Prinzip der Nodalität entscheiden sollte. Idealtypisch würde man eine Gemeinde umschreiben können als *„das Versorgungsgebiet im weitesten funktionellen
Sinne eines für die Viabilität dieses Gebietes minimal ausgestatteten zentralen Ortes“*.
Diese minimale Ausstattung umfaßt sowohl die wirtschaftliche, als auch die kulturelle
Ausstattung. Schon *Dickinson* hat in seinem Werk „City Region and Regionalism“[35])
eine derartige regionale Einheit als die ideale politische Einheit auf unterster Stufe
angedeutet.

Auf diese Weise ließe sich ebenfalls die Kluft zwischen Stadt und Land, zwischen
Industrie und Landwirtschaft überbrücken, während die in den Niederlanden noch
immer bestehende und von maßgebender Seite sogar noch verteidigte Gemeinde-
klassifikation[36]) zu überwinden wäre. Nur derartig kräftige Einheiten könnten die
gemeindliche Autonomie gewähren.

G. DERZEITIGER STAND

Zum Schluß ließe sich noch fragen, wie weit der Prozeß der Gemeindevergrößerung
tatsächlich im Gange ist. Es wurde schon ausgeführt, daß die Zahl der Gemeinden
alljährlich, aber trotzdem im allgemeinen sehr langsam zurückgeht. Ein merkwürdiger
Vorgang findet aber im Südwesten des Landes statt. Die Inundierungen des Delta-
gebietes während des Zweiten Weltkrieges und die Sturmflut von 1953 haben im
Rahmen einer großzügigen Bodenreform eine grundlegende Umlegung heraufbe-
schworen, wobei sogar das Straßennetz und manche Wohnsiedlungen geändert wurden. So wurden auf der Insel *Walcheren* einige kleinere Gemeinden beseitigt, auf
der Insel *Noord-Beveland* wurde schon früher die Zahl der Gemeinden von vier
auf zwei verringert und auf der Insel *Schouwen-Duiveland* neulich sogar von 21
auf 6 Gemeinden!

Die Verhandlungen sind aber langwierig und stoßen nur allzuoft auf einen eng-
herzigen Lokalpatriotismus. Die meisten Bürgermeister erachten sich ihrem Amte
gegenüber dazu verpflichtet, bis zum letzten Atemzug für die volle Souveränität
und Unversehrtheit ihrer Gemeinden zu kämpfen, als ob diese Nationalstaaten wären
— und gerade die Nationalstaaten haben schon längst einen Großteil ihrer Souveränität übernationalen Organen opfern müssen! Und wenn die Bürgermeister — in den
Niederlanden bekanntlich Beamte — bereit sind, kann die logische Zusammenlegung

---

[35]) R. E. Dickinson: City Region and Regionalism, a Geographical Contribution to Human Ecology,
3rd imp., London, 1956, S. 7—9 und 76—92.
[36]) Het vraagstuk der Gemeente-Classificatie, Rapport voor de Minister van Sociale Zaken, 's Gravenhage, 1951.
H. D. de Vries Reilingh: Moet het platteland gekortwiekt blijven? Meppel, (1951).

von Gemeinden noch immer am Widerstand der Gemeinderatsmitglieder scheitern, die letzten Endes die Entscheidung fällen, abgesehen natürlich von der Landesregierung.

Man sollte aber ernsthaft versuchen, Wege ausfindig zu machen, um den Prozeß, der erst zögernd in Gang kommt, wesentlich zu beschleunigen. Schweden ist uns schon im Jahre 1952 zielbewußt vorangegangen durch die Verringerung der Zahl seiner Gemeinden von 2365 bis auf 904 — also mit über 60% der ursprünglichen Zahl. Und das in einem Land, das flächenmäßig die Niederlande um das Zwölffache übersteigt!

Weiters sollte man ebenfalls versuchen, die Probleme im Rahmen des ganzen Landes und des Gemeinwohls zu sehen, wie auch den Mut haben, vorauszublicken. *Wir planen nicht für den Augenblick, sondern für die Zukunft!*

RUDOLF WURZER

Verfeinerung der Abgrenzung von Stadtregionen auf Grund der Intensität des Grundstück- und Realitätenmarktes

A. ALLGEMEINES

I. Vorbemerkung

Jahrzehntelange Forschungsarbeiten haben zu einer Fülle von wertvollen und praktikablen Methoden zur Abgrenzung von Stadtregionen geführt, die wir als so bekannt voraussetzen dürfen, daß deren Aufzählung im Rahmen dieser Festschrift für *Hans Bobek* wohl unterbleiben kann.

Trotzdem haftet diesen Untersuchungsmethoden neben außerordentlichen Vorteilen zwangsläufig ein für den Raumplaner nicht unbedeutender Nachteil an: sie beruhen auf statistischen Grundlagen, die auf Grund *bereits vollzogener raumrelevanter Vorgänge* erarbeitet werden konnten. Abgrenzungsmerkmale, die sich auf die Wohnbevölkerung, die Sozialstruktur, die Beschäftigtendichte oder den Pendlerverkehr beziehen, geben zwar sehr genau über Entwicklung, Struktur und Ausdehnung einer Region Aufschluß; das dafür verwendete Zahlenmaterial liegt aber — wie alle Ergebnisse der Volkszählungen — bereits mehrere Jahre zurück.

Mit anderen Worten: die Raumplanung benötigt außer der Erhellung dieser vorerwähnten Fakten auch noch möglichst konkrete Hinweise auf die abschätzbare Entwicklung einer Region. Denn ihre Aufgabe ist es ja, vor allem zukünftige raumrelevante Veränderungen auf das jeweilige Planungsziel auszurichten.

Nun wissen wir, daß die Siedlungsentwicklung in jedem Gebiet nicht mit der Genehmigung oder Ablehnung eines Bauvorhabens ihren Anfang nimmt, sondern zweifellos bereits mit dem Grunderwerb. Sonst wäre es doch nicht verständlich, daß manche Terrain- oder Siedlungsgesellschaften sowie private Bauwerber — die in der Lage sind, Vorhaben und Maßnahmen der Raumplanung „vorauszuahnen" und sie deshalb auch mehr oder weniger beeinflussen können — auf die strukturelle Entwicklung von Stadtregionen nicht selten mehr Einfluß haben, als die dafür doch kompetenteren Raumplaner; manchmal jedenfalls mehr, als es für eine geordnete räumliche Entwicklung zuträglich ist.

Der Verfasser hatte nun als Leiter der Abteilung Landesplanung des Amtes der Kärntner Landesregierung die Möglichkeit, während eines Jahrzehnts die Richtigkeit dieser Tatsachen — gewissermaßen am eigenen Leib — kennenzulernen. Öfters war nämlich festzustellen, daß selbst umfassende Strukturanalysen und gründlich durchgearbeitete Raumplanungen in wesentlichen Teilen vor allem deshalb wirkungslos geblieben sind, weil die jede zukünftige räumliche Entwicklung bereits präjudizierende Intensität und Ausrichtung des *Grundstück- und Realitätenmarktes* nicht bekannt war und deshalb auch keine Berücksichtigung finden konnte.

So schien es naheliegend, diesen Erfahrungen Rechnung zu tragen und mit Hilfe
einer Untersuchung von Angebot und Nachfrage nach Baugrundstücken und Realitäten ein — zukünftige raumrelevante Maßnahmen bereits berücksichtigendes —
weiteres Merkmal zur Abgrenzung von Stadtregionen sowie zur Erhellung ihrer
Entwicklungsrichtungen zu erproben.

Da im Rahmen des „Städtebaulichen Entwerfens" an der Fakultät für Bauingenieur-
wesen und Architektur der Technischen Hochschule Wien auch der kommunalen
und regionalen Bestandsaufnahme wesentliche Bedeutung zukommt, haben sich
H. *Grassl*, P. *Hufnagl*, H. *Purschke* und L. *Sandor* bereit erklärt, unter unserer
Leitung eine grobe Abgrenzung der Stadtregion Wien auf Grund der Intensität des
Realitäten- und Grundstückmarktes vorzunehmen. Wertvolle Hilfe hat auch Georg
Schreiber geleistet, der die Überprüfung des Erhebungsmaterials und der kartographischen Unterlagen vorgenommen sowie die Bearbeitung der Abbildungen des
vorliegenden Beitrages in dankenswerter Weise durchgeführt hat.

Weil diese sehr langwierigen und mühevollen Untersuchungen nach u. E. zu mehreren für die Raumforschung und Raumplanung wichtigen Ergebnissen geführt
haben, möchten wir diesen Beitrag Hans *Bobek* zueignen und damit seine großen
Verdienste um die österreichische Raumforschung würdigen.

II. Grundlagen

Da die amtlichen Statistiken den Grundstück- und Realitätenmarkt nicht erfassen
und die Grundverkehrskommissionen der Bundesländer keine derartigen Statistiken
führen, mußten wir uns anderer Grundlagen bedienen. Hier bot sich der sehr umfangreiche Realitätenmarkt in der „Sonntagsbeilage" der Wiener Tageszeitung
„Neues Österreich" an, in deren Anzeigenteil *Angaben über Ankauf, Verkauf oder
Pacht von Grundstücken und Realitäten* enthalten sind.

Wir haben dann versucht, vorerst die Sonntagsnummern dieser Tageszeitung vom
Jänner 1962 auszuwerten und die angebotenen Grundstücke und Realitäten nach
Ortsgemeinden bzw. nach Wiener Gemeindebezirken kartographisch darzustellen,
soweit uns eine Lokalisierung möglich war.

Bei Nachfragen nach Baugrundstücken, die nur sehr allgemeine Richtungs- und
Entfernungsangaben aufwiesen, wurde lediglich die Hauptrichtung und die am
häufigsten genannte Maximalentfernung festgehalten.

Sehr aufschlußreich und konkret waren auch die Angaben über die *bestehenden,
gewünschten oder als tragbar bezeichneten Bodenpreise*, die in den meisten Fällen
ebenfalls eine genaue Lokalisierung und kartographische Darstellung zuließen. Als
Grundlage diente hiefür die Gemeindekarte für Niederösterreich und das Burgenland im Maßstab 1 : 200.000.

Erst nach diesen Vorarbeiten des Verfassers wurden von der vorerwähnten Arbeits-
gruppe alle Sonntagsnummern der Tageszeitung „Neues Österreich" vom Jahre 1961
für das Gebiet der Bundeshauptstadt Wien sowie für die Bundesländer Niederösterreich und Burgenland ausgewertet und dabei insgesamt 9523 Anzeigen berücksichtigt. Ein Zeitraum und eine Anzahl von Anzeigen also, wodurch Zufälligkeiten
doch weitgehend ausgeschlossen worden sind.

Um nun einen möglichst konkreten Überblick über die verschiedenen Arten der
ausgewerteten Anzeigen zu geben, führen wir nachstehend für jeden Typus ein
charakteristisches Beispiel vor und lassen dieses für sich sprechen. Damit hat der
Leser vor allem auch die Möglichkeit, die Beweggründe dieser Anzeigen und manch-

mal auch die „zwischen den Zeilen" unschwer zu erkennenden tatsächlichen Beweggründe mancher Angebote und Nachfragen zu analysieren und so die verschiedenartigen Triebkräfte des Grundstück- und Realitätenmarktes kennenzulernen.

1. WOHNBAUGRUNDSTÜCKE

ANGEBOTE

Neuparzellierung, Riederberg! Schöne, ruhige Lage, mit Privatzufahrt, Waldnähe, zentrale Wasserleitung, Kanal, Licht, 500 bis 1200 m² à 55,—. Kein Bauzwang, jedoch sofortiger Baubeginn eines Einfamilienhauses möglich. Eigenkapital für Haus und Grund von 40.000,— aufwärts erforderlich. Restbetrag durch billige Kreditbeschaffung auf 17 Jahre. Bis Jahresende noch rasche Finanzierung. Alleinverkauf Realkanzlei Dr. Johann Feigl, I, Kantgasse 3, Tel. 72 45 16.

Sieben prachtvolle Villenbaugründe am Fuße der Hohen Wand, 600 bis 800 m², direkt am Föhrenwald, harte Zufahrt, Licht, alte Bäume auf jeder Parzelle, südseitig, vollkommen ruhig, um 70,—/m² verkäuflich. Alleinverkauf Realkanzlei Dr. Johann Feigl, I, Kantgasse 3, Tel. 72 45 16.

NACHFRAGEN

Bauparzellen, am Stadtrand gesucht, Kagran bevorzugt. Unter „Preisangabe erforderlich N 43.259" a. d. Verl.

Baugründe der Bauklasse I und II, in der Größe mehr als 1500 m², im Wiener Gebiet, gesucht. Unter „Baukonzern N 13.401" an den Verlag.

Suche schönen Baugrund in Wien und Umgebung, bis 200.000,— bar. Unter Staatsbeamter N 8846" an den Verlag.

Wir suchen Baugründe für vorgemerkte Interessenten in Wien und nähere Umgebung zu kaufen. 52 13 10, *Mayerl, Realkanzlei, Stephansplatz 2* (Singerhaus).

2. INDUSTRIEGRUNDSTÜCKE

ANGEBOTE

Industriegründe, Himberg bei Wien, 17.000 m², *Gleisanschluß möglich,* 35 S pro m². Realkanzlei W. Hofhans, Wien I, Opernring 7, „Aida-Ecke", 57 66 62.

Industriegründe, Nähe Wiener Neustadt, 800.000 m², auch geteilt, sämtliche Anschlüsse vorhanden, m²-Preis 8 bis 9 S, vergibt Büro Zormann, II, Gredlerstraße 3, 35 41 93.

NACHFRAGEN

Kaufe Industriegrund! 4000 bis 6000 m², 10. bis 14. Bez., Atzgersdorf, Liesing, zur Errichtung einer Maschinenfabrik. Nur seriöse, direkte Anbote erbeten! Unter „EWG—EFTA N 18.127" a. d. Verl.

Industriebaugrund, ca. 1500,— und 2000,—, im östlichen Teil von Wien, gesucht. Simmering bevorzugt. Angebote erbeten unter „199", Werbesasko, Wien XV, Mariahilferstraße 223.

3. WOCHENENDHÄUSER

ANGEBOTE

Ferienhäuser oder Einfamilienhäuser, in herrlicher Parklage, Reichenau (Schneeberg-Rax), 60 m² verbaut, 600 m² Eigengrund, bar erforderlich 70.000 S, inbegriffen Wasser und Lichtzuleitung, Gehwegherstellung, Einfriedung, Kläranlage, Elektroherd, Doppelabwäsche, Einbauwanne, Waschbecken und Kunststoff-Fußböden. Monatliche Rückzahlung (20 Jahre) zirka S 750,—. Tel. 86 91 64, von Montag bis Freitag 8 bis 12 Uhr.

Strandhaus am Neufeldersee, gemauert, 10 m Uferpachtgrund, zu verkaufen. Unter „N 13.803" an den Verlag.

NACHFRAGEN

Suche kleines Bauernhaus, Waldviertel oder Burgenland, höchstens 2 Autostunden von Wien. Tel. 66 37 133, täglich von 7 bis 10 Uhr.

Gegen hohe Leibrente Haus bis 100 km südlich Wiens gesucht. Unter „46.517", Werbesasko, Mariahilferstraße 223.
Badehütte an Alter Donau zu kaufen oder mieten gesucht. Zuschriften unter „N 9584" an den Verlag.

Suche kleines Haus mit Garten in Wien oder Umgebung. Unter „Barzahler N 26.186" an den Verlag, od. Tel. 32 77 70.

4. GRUNDSTÜCKE UND REALITÄTEN ALS KAPITALSANLAGE

ANGEBOTE

Anlageobjekt, XX, 1917 erbaut, Kleinwohnungen, Hauptmietzins 43.000,—, Richtpreis 695.000,—, Hrabak, VII, Lerchenfelderstraße 143, 44 63 86.

Kapitalsanlage, Grundstück, nächst Sieghartskirchen (Bundesstraße 19), 5000 m², 20,— pro m². Realkanzlei Dipl.-Ing. *Dirnbacher*, VII, Westbahnstraße 8.

NACHFRAGEN

Kaufe als Kapitalsanlage gut erhaltenes Zinshaus mit einem Jahresertrag ab 25.000,—, Barzahlung bis 1,000.000,— geboten. Unter „Apotheker 30.300" an ÖWG, I, Wollzeile 16.

Kaufe Äcker und Wiesen, bis 1 Autostunde rund um Wien, die sich als Baugründe eignen würden. Unter „Höchstpreis N 6079" an den Verlag.

Die 9523 ausgewerteten Anzeigen gliederten sich in 2922 Angebote von Grundstücken (d. s. 31% aller Anzeigen) und in 3991 von Realitäten (d. s. 43% der Anzeigen), weiters in 771 Nachfragen nach Grundstücken (d. s. 8%) sowie in 1839 nach Realitäten (d. s. 18%).

Davon war bei 449 Anzeigen (d. s. rd. 5% aller erfaßten Anzeigen) nur die Himmelsrichtung — bezogen auf das Stadtzentrum von Wien — angegeben, in der das angebotene oder gesuchte Grundstück bzw. die angebotene oder gesuchte Liegenschaft liegt. Es ist aufschlußreich zu erfahren, daß sich davon 163 Anzeigen auf den Westen, 143 Anzeigen auf den Süden und 56 auf den Südwesten des Stadtgebietes bzw. des Umlandes von Wien bezogen. Demnach standen 362 Anzeigen (d. s. 80%) in diesen bevorzugten Himmelsrichtungen nur 53 Anzeigen (d. s. 12%) im Norden, Nordosten und Osten gegenüber. Keinerlei Standort- oder Richtungsangabe wiesen schließlich 1802 Anzeigen auf (d. s. rd. 19% aller erfaßten Anzeigen).

Nach Ortsgemeinden bzw. nach Wiener Gemeindebezirken lokalisierbar und genau auswertbar waren daher nur 7272 Anzeigen, von denen 4295 auf Wien, 2921 auf das Bundesland Niederösterreich und 56 auf das Burgenland entfielen. Die restlichen Anzeigen bezogen sich auf Gemeinden in anderen Bundesländern und konnten bei unserer vorliegenden Untersuchung unberücksichtigt bleiben.

III. Methodik der Untersuchung

Ebenso wie die Raumforschung „Merkmale und Richtwerte für die Abgrenzung und Untergliederung der Stadtregionen" entwickelt und festgelegt hat, um dadurch eine Vergleichbarkeit der verschiedenen Regionen zu ermöglichen, ebenso haben wir uns bemüht, ein zusätzliches Merkmal — beruhend auf der Intensität des Grundstück- und Realitätenmarktes sowie der Höhe der Bodenpreise — darzubieten, das vor allem eine Beurteilung der voraussichtlichen räumlichen Entwicklung einer Region zuläßt.

Um diese Intensität möglichst genau erfassen zu können, wurde auf Grund der Nachfragen und Angebote von Grundstücken oder Realitäten im Jahre 1961 in den Sonntagsnummern der Tageszeitung „Neues Österreich" — die folgende Tabelle aufgestellt.

Fortlaufende Nummer	Datum	ORTSBEZEICHNUNG DER ANZEIGEN NACH RICHTUNGS-SEKTOREN BEZOGEN AUF DAS STADTZENTRUM VON WIEN									Entfernung vom Stadtzentrum Wien	VERWENDUNGSART									GRÖSSE des Grundstückes bzw. der Realität	PREIS des Grundstückes bzw. der Realität pro m²	GESAMTPREIS
												des Grundstückes					der Realität						
		NORDEN	NORDOSTEN	OSTEN	SÜDOSTEN	SÜDEN	SÜDWESTEN	WESTEN	NORDWESTEN	OHNE RICHTUNGSANGABE	km	Ohne nähere Angabe	Miethaus	Einfamilienhaus	Wochenendhaus	Industrielle oder gewerbliche Bauten	Miethaus	Einfamilienhaus	Wochenendhaus	Industrie und Gewerbe	m²	ÖS	ÖS
1	2	3	4	5	6	7	8	9	10	11	12	13	14	15	16	17	18	19	20	21	22	23	24

In einer weiteren Tabelle wurden — zusammengefaßt nach Wiener Gemeindebezirken bzw. nach Ortsgemeinden — die *Angebote an Grundstücken und Realitäten* sowie die *Nachfrage* nach denselben, die *Summe der Angebote* bzw. der *Nachfragen* im Jahre 1965 je Gemeinde sowie die *Gesamtsumme der Angebote und Nachfragen* angegeben. Weiters wurden auch noch für jede Ortsgemeinde auf Grund der Anzeigen der maximale, der minimale und der durchschnittliche Bodenpreis je Quadratmeter erfaßt. Da gerade den Angeboten und Nachfragen im Gebiet der Bundeshauptstadt Wien besondere Bedeutung zukommt, führen wir sie in der nachstehenden Tabelle vor.

Tabelle 1: Grundstücke und Realitäten — Angebote und Nachfragen 1961 im Stadtgebiet Wien.

Wiener Gemeindebezirk Ortsgemeinde*	Bundesland	Nr. d. Ger. Bez.	Nr. d. Gemeinde	Angebot			Nachfrage			Summe A+N	Preis		
				Grundst.	Realität	Summe A	Grundst.	Realität	Summe N		Max.	Min.	Durchschn.
1	2	3	4	5	6	7	8	9	10	11	12	13	14
1. Bezirk	W	7	1	2	18	20	—	2	2	22	—	—	—
2. Bezirk	W	7	2	13	203	216	4	12	16	232	190,—	190,—	190,—/2**
3. Bezirk	W	7	3	6	79	85	1	11	12	97	—	—	—
4. Bezirk	W	7	4	3	44	47	3	3	6	53	—	— —	—
5. Bezirk	W	7	5	11	40	51	2	8	10	61	2100,—	1500,—	1800,—/2
6. Bezirk	W	7	7	3	51	54	1	4	5	59	450,—	450,—	450,—/1
7. Bezirk				3	47	50	1	4	5	55	—	—	—
8. Bezirk	W	7	8	1	27	28	—	6	6	34	—	—	—
9. Bezirk	W	7	9	2	61	63	3	8	11	74	—	—	—
10. Bezirk	W	2	1	46	100	146	9	12	21	167	1770,—	65,—	550,—/21
11. Bezirk	W	2	2	20	37	57	7	7	14	71	300,—	100,—	175,—/9
12. Bezirk	W	4	1	43	85	128	11	17	28	156	1000,—	200,—	482,—/20
13. Bezirk	W	6	1	238	337	575	28	57	85	660	1600,—	150,—	442,—/94
14. Bezirk	W	6	2	113	177	290	15	54	69	359	500,—	84,—	318,—/46
15. Bezirk	W	4	2	6	33	39	6	17	23	62	880,—	880,—	880,—/1
16. Bezirk	W	5	1	46	59	105	5	15	20	125	500,—	160,—	342,—/15
17. Bezirk	W	5	2	58	89	147	7	30	37	184	620,—	65,—	312,—/16
18. Bezirk	W	1	1	63	155	218	13	50	63	281	1000,—	300,—	412,—/14
19. Bezirk	W	1	2	200	184	384	31	59	90	474	800,—	120,—	460,—/66
20. Bezirk	W	7	10	8	71	79	4	5	9	88	370,—	370,—	370,—/1
21. Bezirk	W	3	1	65	130	195	16	43	59	254	660,—	60,—	151,—/43
22. Bezirk	W	3	2	78	115	193	10	26	36	229	300,—	28,—	88,—/49
23. Bezirk	W	8	1	211	224	435	27	36	63	498	400,—	100,—	234,—/87
Σ aller Bezirke				1239	2366	3605	204	486	690	4295			

* Für diese Tabelle wurde der allgemeine Tabellenkopf verwendet.

** Diese Zahl gibt jeweils an, aus wieviel Anzeigen der Durchschnittspreis errechnet werden konnte.

Wir sind uns bewußt, daß gerade die Angaben über die Bodenpreise zwangsläufig auch die größten Imponderabilien aufweisen müssen. Einmal deshalb, weil die geforderten mit den tatsächlich bezahlten Bodenpreisen in den meisten Fällen nicht übereinstimmen und einmal deshalb, weil in den maximalen, minimalen und durchschnittlichen Quadratmeterpreisen sowohl nicht aufgeschlossene Grundstücke als auch aufgeschlossenes Bauland in zentraler Lage erfaßt sind.

Trotz dieser Vorbehalte ist die Aussage über die Bodenpreise nach u. E. doch von großer Bedeutung, weil im Allgemeinen zwischen der *Intensität der Siedlungstätigkeit* und der *Höhe der Bodenpreise* ein ursächlicher Zusammenhang besteht. Die späteren Ausführungen werden dies noch weitgehend bestätigen.

Die karthographische Darstellung (in absoluten Werten) erfolgte auf der Grundlage der Gemeindekarte für Niederösterreich und Burgenland im Maßstab 1 : 200.000 und umfaßte, gegliedert nach Ortsgemeinden bzw. nach Wiener Gemeindebezirken, folgende Fakten:

1. die Angebote an Grundstücken;
2. die Angebote an Realitäten;
3. die Summe der Angebote von 1 und 2;
4. die Nachfrage nach Grundstücken;
5. die Nachfrage nach Realitäten;
6. die Summe der Nachfragen von 4 und 5;
7. die durchschnittlichen Bodenpreise von 1 und 4.

Weitere Ergebnisse von wesentlicher Bedeutung wurden schließlich noch in Kartogrammen und Diagrammen dargestellt.

Nach dieser Darlegung unserer Methode ist es wohl angebracht, auch auf einige Einwände einzugehen, die möglicherweise vorgebracht werden könnten. So wäre etwa zu bezweifeln, ob die sich auf Grundstücke und Realitäten beziehenden Angebote und Nachfragen letzthin nur Wünsche und Absichten darstellen; also zu unbestimmt sind, als daß daraus entsprechende Schlußfolgerungen gezogen werden können.

Dieser Auffassung müßte jedoch entgegnet werden, daß selbst unter der Annahme, daß nur jede zweite Anzeige realisiert würde, trotzdem rund 3600 lokalisierbare Anzeigen erfaßt und ausgewertet werden konnten; was doch wohl als ausreichend bezeichnet werden kann.

Weiters sollte nicht außer acht gelassen werden, daß frühere „Verstädterungsperioden" in den heute einer Stadtregion angehörenden Gemeinden zum großen Teil ja auch durch solche Anzeigen ausgelöst worden sind.

Im übrigen besteht eine sehr wichtige Aufgabe jedes erfolgreich tätigen Raumplaners seit jeher darin, den Grundstück- und Realitätenmarkt so aufmerksam als möglich zu beobachten, um dadurch rechtzeitig auf sich abzeichnende räumliche Entwicklungen aufmerksam zu werden. Schließlich zeigt doch gerade das „Wohn-Siedlungsgesetz", das in Österreich als Landesgesetz nach wie vor Rechtskraft besitzt, ebenso wie die zahlreichen Grundverkehrsgesetze in den Bundesländern, welche Bedeutung der Gesetzgeber dem Grundstücksmarkt beizumessen bereit ist.

Ein weiterer Einwand könnte auch dahingehend vorgebracht werden, daß der im Anzeigenteil der Tageszeitung „Neues Österreich" enthaltene und ausgewertete Grundstück- und Realitätenmarkt nur einen Teil des tatsächlich bestehenden Marktes im Jahre 1961 darstellt.

Trotz vieler Bemühungen ist es uns leider nicht möglich gewesen, etwa das Verhältnis der gesamten Grund- und Realitätenangebote zu den annoncierten und ausgewerteten Angeboten festzustellen. Anfragen bei mehreren Realitätenbüros — die überwiegend mit Annoncen arbeiten — führten zu keinem brauchbaren Resultat, deshalb haben wir einige Gemeinden in der Nähe von Wien um Auskunft ersucht. Es waren dies die Gemeinden Klosterneuburg, Baden, Mödling, Bad Vöslau und Schwechat, deren Stellungnahmen leider ebenfalls noch nicht zur Verfügung stehen.

Nachdem die· Anzeigenwerber einer Wiener Tageszeitung aber wohl annehmen dürften, daß vor allem für ihre Angebote ein mehr oder weniger großer Bedarf gegeben ist (Grundstücke zur Errichtung von Wochenendhäusern, Wohnhäusern, Tankstellen, Landwirtschaftsbauten, Gewerbe- und Industriebauten), so enthalten die in der vorliegenden Untersuchung behandelten Anzeigen die wichtigsten Fakten, die eine „Verstädterung" bewirken.

Schließlich sei auch noch vermerkt, daß dieses neue Merkmal zur Abgrenzung von Stadtregionen vorerst nur zur Diskussion gestellt werden soll; wir möchten deshalb auch noch keine konkreten Vorschläge unterbreiten, in welcher Form etwa die Auswertung der Zeitungsannoncen rationeller und weniger zeitraubend vorgenommen werden könnte, als dies im Rahmen der vorliegenden Untersuchung erfolgt ist. Doch behalten wir uns vor, dafür zur gegebenen Zeit entsprechende Vorschläge zu unterbreiten.

IV. Ergebnisse der Untersuchung

Die Ergebnisse unserer Untersuchung werden nun so vorgeführt, daß wir zuerst die Grundstückangebote und die Realitätenangebote erhellen, dann die Nachfrage nach Grundstücken und Realitäten darlegen und schließlich die Summe der Angebote mit jener der Nachfragen vergleichen. Dann folgen die Darstellung der durchschnittlichen Bodenpreise sowie einige Hinweise auf maximale und minimale Preise in den erfaßten Gemeinden der Bundesländer Niederösterreich und Burgenland bzw. in den Stadtbezirken der Bundeshauptstadt Wien.

1. Grundstückangebote

Von den bereits erwähnten 2922 Angeboten an Grundstücken im Jahre 1961 konnten 2785 (d. s. 95,0%) auf Grund des Anzeigentextes genau nach O.-Gem. bzw. W. Gem.-Bez. lokalisiert werden; bei 67 Angeboten — es handelt sich fast ausschließlich um solche aus der Umgebung von Wien — war lediglich die Himmelsrichtung (bezogen auf Wien) feststellbar oder angegeben (z. B. „. . . an der Triesterstraße gelegenes Grundstück in der Nähe von Wien . . .") und bei weiteren 70 Angeboten konnten nicht ersehen werden, in welchem Teil der Stadtregion Wien das angebotene Grundstück liegt. Sie mußten daher unberücksichtigt bleiben.

Wie Abb. 1 zeigt, erfolgte die kartographische Darstellung der Grundstückangebote nach Ortsgemeinden bzw. nach Wiener Gemeindebezirken, wobei die aus der Legende ersichtliche Abstufung der Anzahl von Anzeigen festgelegt wurde. Wir haben dabei als erste Stufe Ortsgemeinden dargestellt, die bis zu neun Grundstückangebote aufweisen. Diese Zahl mag sehr klein erscheinen, doch können neun Grundstückangebote in einer kleinen Landgemeinde doch dieselbe Aussagekraft besitzen, wie die zehnmal größere Anzahl in einem Wiener Gemeindebezirk.

Es ist unschwer zu erkennen, daß zwar Grundangebote aus ganz Niederösterreich und dem Burgenland vorliegen, daß sich aber die größte Anzahl der Angebote zwangsläufig auf Wien sowie dessen unmittelbares Umland bezieht.

Der Vollständigkeit halber sei noch bemerkt, daß natürlich auch Grundstückangebote aus der Steiermark (vor allem aus dem Raum Semmering und Mönichkirchen), aus dem Salzkammergut, aus dem Gebiet der Kärntner Seen, der Kamptal-Stauseen und anderen bevorzugten Erholungsgebieten Österreichs vorlagen. Es handelte sich jedoch nur um Einzelfälle (Fremdenverkehrsobjekte, Seeufergrundstücke oder Wochenendhäuser), die im Rahmen unserer Untersuchung unberücksichtigt bleiben mußten. Die Ortsgemeinden, die nur bis zu neun Grundstückangebote aufweisen, befinden sich meist nicht im unmittelbaren Einflußbereich von Wien, sondern verteilen sich wie folgt (siehe Abb. 1):

1. Der nördlich der Donau liegende Landesteil Niederösterreichs weist selbst in unmittelbarer Nähe von Wien viel weniger Angebote auf als das übrige Landesgebiet.
2. Das Gebiet mit der größten Anzahl an Grundstückangeboten — wir bezeichnen es in der Folge als „Kerngebiet" — besitzt ungefähr die Gestalt eines unregelmäßigen Fünfeckes, dessen Längsachse rund 52 km (westlichste Gemeinde Eichgraben mit 51 Grundstückangeboten, östlichste Gemeinde Fischamend mit 16 Grundstückangeboten) und dessen Querachse 32 km (nördlichste Gemeinde Klosterneuburg mit 180 und südlichste Mödling mit 92 Grundstückangeboten) beträgt.[1])
3. Die zukünftige Siedlungsentwicklung in der Stadtregion Wien ist (wie Abb. 1 einprägsam zeigt) hauptsächlich nach Süden und Südwesten gerichtet, wobei die Gemeinden *Grimmenstein, Zögern, Lichtenegg, Bad Schönau* und *Kirchschlag im Wechselgebiet* sowie die Gemeinden *Semmering, Payerbach* und *Reichenau* des Semmeringgebietes bzw. die Gemeinden *St. Pölten, Wilhelmsburg, Lilienfeld* und *Gutenstein* die südlichen und südwestlichen Ausläufer bilden.
4. Außerhalb dieses „Kerngebietes" und seines voraussichtlichen Erweiterungsraumes liegende Gemeinden mit mehr als neun Grundstückangeboten sind nördlich der Donau *Krems* (12 Angebote) und *Gänserndorf* (11 A.) und südlich davon *Ybbs a. d. Donau* (11 A.), *Wiener Neustadt* (18 A.), *Piesting* (16 A.), *Strasshof* (18 A.), *Semmering* (20 A.).

Betrachten wir nun den vorerwähnten „Kernraum" hinsichtlich der Grundangebote etwas genauer, dann ist sofort zu erkennen, daß sich der von Norden nach Süden erstreckende streifenförmige Teil mit 100—299 Grundstückangeboten *im wesentlichen mit dem Gebiet des „Wald- und Wiesengürtels" deckt.*

Die zahlreichsten Angebote weisen zwangsläufig — von Norden nach Süden angeführt — der 19. Wiener Gemeindebezirk (200 Angebote), der 13. (238 A.) und der 23. (211 A.) auf. Von den 1239 Angeboten im Gemeindegebiet von Wien entfallen demnach allein 649 oder 52,5% auf dieses beliebte und bevorzugte Wohn- und Erholungsgebiet der Wiener Bevölkerung. Zwischen 100 und 199 Angebote verzeichnen die niederösterreichische Gemeinde *Klosterneuburg* (180 A.), der *14. Wiener Gemeindebezirk* (113 A.) und die Gemeinde *Perchtoldsdorf* (115 A.), so daß allein auf diesen Teil des Kernraumes 1057 Angebote oder 37,2% aller lokalisierbaren Angebote entfallen. Den nördlich bzw. nordöstlich der Donau liegenden 21. und 22. Wiener Gemeindebezirken gelten dagegen nur 65 bzw. 78 Angebote und die Wiener Gemeindebezirke innerhalb des Gürtels weisen für den 1., 4., 6., 7., 8. und 9. Bezirk jeweils nur bis drei Angebote — zusammen also nur 14 Angebote auf.

Denn hier bestehen bei sehr geringer Wohngunst bekanntlich so hohe Bodenpreise, daß Baumaßnahmen privater Bauwerber doch nur in bestimmten Fällen in Betracht kommen.

---

[1]) Es ist mit größter Wahrscheinlichkeit anzunehmen, daß sich das „Kerngebiet" infolge des Autobahn-Baues noch weiter nach Südwesten bis nach *Altlengbach* und *Bad Vöslau* erweitern wird.

Nachdem mehr als fünf Sechstel aller Angebote und Nachfragen ausschließlich Wohn-
bau-Grundstücke zum Inhalt haben, ist dieses Resultat auch durchaus verständlich[2]).

2. Angebote von Realitäten

Die in Abb. 2 dargestellte Anzahl der Angebote von Realitäten nach Ortsgemeinden
bzw. nach Wiener Gemeindebezirken ergibt zwar für das Stadtgebiet von Wien
ein wesentlich anderes Bild, als das der Grundstückangebote in Abb. 1, während
im Gebiet von Niederösterreich und im Burgenland keine besonderen Abweichungen
zu erkennen sind.

Von den 3632 lokalisierbaren Angeboten an Realitäten (bei 359 Angeboten war der
Standort nicht zu bestimmen) entfielen jedoch allein 2366 Angebote (d. s. 65%)
auf die Bundeshauptstadt Wien, während auf niederösterreichische und burgen-
ländische Gemeinden nur 1188 Angebote (35%) entfielen.

Erhellen wir nun die vorhin erwähnten Unterschiede zwischen der räumlichen Verteilung der Angebote von Grundstücken und der von Realitäten im Stadtgebiet von
Wien, dann weist der „Kernraum" doch eine größere Anzahl von Wiener Gemeindebezirken mit mehr als 100 Realitätenangeboten auf, als dies bei den Grundstückangeboten der Fall ist. Neben den Wiener Gemeindebezirken 19, 18, 13, 14 und 23
weisen nunmehr auch der 11. und 2. sowie die nordöstlich der Donau gelegenen
Bezirke 21 und 22 jeweils zwischen 100 und 299 Realitätenangeboten auf (siehe
Abb. 8).

Ebenso zahlreiche Realitätenangebote sind auch in Klosterneuburg zu verzeichnen,
das — wie vorhin erwähnt — von 1938 bis 1954 ebenfalls zum Gemeindegebiet der
Bundeshauptstadt Wien gehörte.

Während jedoch die Bezirke 13, 19 und 23 die größte Anzahl an *Grundstück-Angeboten* — also jeweils zwischen 200 und 299 Anzeigen — aufweisen, verzeichnen
die größte Anzahl an Realitäten-Angeboten (zwischen 200 und 337) die Gemeindebezirke 2, 14 und 23.

Sowohl die meisten Grundstück- als auch Realitäten-Angebote betreffen den 13. Bezirk (238+337 A) — der somit eine Sonderstellung einnimmt — während der 1. Bezirk (18 A.; ein überwiegender Teil der Grundstücke und Realitäten befindet sich
hier im Besitz des Bundes, der Stadt Wien, des Landes Niederösterreich oder in
dem von öffentlich-rechtlichen Körperschaften) und der 6. (51 A.) die geringste Anzahl an Realitäten-Angeboten aufweisen.

Als wesentlichste Ursache für die im Vergleich zum Grundstückmarkt doch auffallend
größere Intensität des Realitäten-Marktes möchten wir das prekäre und noch immer
nicht gelöste Wohnungsproblem in Wien bezeichnen. Denn die Tatsache, daß der
Besitz eines „Zinshauses" nur in Ausnahmefällen gewinnbringend und sehr häufig
nicht einmal kostendeckend ist, führt zu einem absolut und relativ großen Angebot
von solchen Gebäuden, deren größten Sachwert fast immer der Baugrund darstellt.
Das charakteristische Angebot in diesen Fällen lautet:

> „Zinshaus, II. (nächst Taborstraße), dreistöckig, 18 Wohnungen, 9.000,—
> Jahresertrag, 190.000,— ..."

und spricht für sich selbst.

Wir werden nicht fehlgehen, wenn wir annehmen, daß solche Angebote nicht nur durch eine besondere Nachfrage vor allem von Dienstleistungsbetrieben ausgelöst werden, sondern wohl auch durch das Bestreben, mit dem Verkaufserlös eine neue Wohnung in einer besseren Wohnlage — also vor allem westlich und südwestlich des „Gürtels" — zu erhalten.

Die übrigen Realitäten-Angebote beziehen sich auf Bauernhäuser, Gasthäuser, Geschäftshäuser, im Rohbau steckengebliebene Wohngebäude, Fremdenpensionen, Villen, Landhäuser oder Bungalows. Es werden aber auch „Badehäuser" oder alte Mühlen zu oft exorbitanten Liebhaberpreisen angeboten, um den spezifischen Erholungsbedürfnissen eines Teiles der Wiener Bevölkerung und deren Wunsch nach der originellen „Sommerwohnung" zu dienen.

Um nun den doch gravierenden Unterschied zwischen Grundstück- und Realitäten-Angeboten im Kernraum deutlicher zu machen, haben wir diese in Abb. 8 dargestellt. Es ist sehr einprägsam zu erkennen, daß das Gebiet mit 100—337 *Realitäten-Angeboten* hufeisenförmig um die wesentlich geringere Angebote aufweisenden, innerhalb des Gürtels gelegenen Wiener Gemeindebezirke liegt, während sich das von Norden nach Süden erstreckende Gebiet mit 100—238 Grundstück-Angeboten mit den an den Wienerwald grenzenden Gemeindebezirken deckt.

Wir möchten daraus den Schluß ziehen, daß Realitäten-Verkäufen bzw. -Ankäufen im besonderen Maße wirtschaftliche Motive zugrundeliegen, wobei sicherlich auch dem Wunsch nach Verbesserung der Wohnlage eine nicht zu unterschätzende Bedeutung zukommt. Die Häufung der Grundstückangebote in den westlichen Stadtbezirken hingegen setzt — unausgesprochen — eine ebenso große Nachfrage voraus und läßt erkennen, daß die Stoßrichtung der überwiegend von privaten Bauwerbern getragenen Stadterweiterung in Richtung „Wienerwald" zielt und daß hier vor allem der Wunsch nach einer optimalen Wohnlage oder nach der „Sommerwohnung" von ausschlaggebender Bedeutung ist.

3. Die Zusammenfassung von Grundstück- und Realitäten-Angeboten

In Abb. 3 wurde nun der Versuch unternommen, die Angebote an Grundstücken und Realitäten zusammenzufassen und in einer Karte darzustellen. Das Resultat zeigt im Vergleich mit den Abb. 1 und 2 natürlich keine grundsätzlichen Unterschiede, doch gibt die Karte wertvolle Aufschlüsse darüber, in welchen Wiener Gemeindebezirken bzw. in welchen niederösterreichischen bzw. burgenländischen Ortsgemeinden eine größere Anzahl von Angeboten im Erhebungsjahr vorlag. Indirekt kann hier aber auch auf eine stärkere bestehende oder zu erwartende Siedlungstätigkeit geschlossen werden, wenn wir die Wechselwirkung von Angebot und Nachfrage berücksichtigen.

Im einzelnen zeigt Abb. 3, daß sich Form und Größe des *Kerngebietes* (mit mehr als 100 Grundstück- und Realitätenangeboten) nur unwesentlich verändert haben, während wegen des größeren Angebotes an Realitäten als an Grundstücken in den Wiener Gemeindebezirken zwischen Gürtel und Donau und auch nördlich der Donau ein sehr ausgedehntes und nahezu geschlossenes Gebiet mit mehr als 20 Angeboten abgegrenzt werden kann. Wir möchten es als *„Raum mit überdurchschnittlichem Grundstück- und Realitäten-Angebot"* bezeichnen, dessen Längsachse rd. 47 km, dessen Querachse rd. 30 km und dessen Flächenausmaß rd. 832 km² beträgt. Das Kerngebiet dieses Raumes umfaßt vor allem die Wiener Gemeindebezirke an der westlichen Stadtgrenze sowie das Gemeindegebiet Klosterneuburg und weitere niederösterreichische Gemeinden südlich der Wiener Stadtgrenze. Im übrigen steht die Längsachse des rd. 27 km langen nord-süd gerichteten Kerngebietes senkrecht zur Längsachse des ost-west gerichteten Raumes mit überdurchschnittlichem Grundstück- und Realitäten-Angebot; die Querachse des Kerngebietes hat eine Länge von rd. 15 km (Abb. 8, 10).

Zum besseren Verständnis der räumlichen Verteilung und der verschiedenartigen Intensität der Grundstück- und Realitätenangebote haben wir in den Abbildungen auch noch das Hauptverkehrsstraßennetz und das Eisenbahnnetz dargestellt, um aufzuzeigen, welche Korrelation zwischen Verkehrsnetz und Grundstückmarkt (im speziellen Fall Grundstück- und Realitätenangebote) besteht.

4. Die Nachfrage nach Grundstücken

Bei der Beurteilung der Nachfrage nach Grundstücken und Realitäten ist zu berücksichtigen, daß Angebote zwangsläufig viel konkretere Angaben enthalten müssen, um erfolgreich zu sein, als Nachfragen, denen in den meisten Fällen nur mehr oder weniger bestimmte Absichten zugrundeliegen. Diese Feststellung bestätigt am besten ein Vergleich zwischen den nicht lokalisierbaren Angeboten (496 Anzeigen) und den standortmäßig ebenfalls nicht zu erfassenden 1755 Nachfragen, was ein Verhältnis von etwa 1 : 3,6 ergibt.

Aber auch zwischen den Nachfragen nach Grundstücken (519) und nach Realitäten (1236) gibt es ein ähnliches, allerdings nicht so stark ausgeprägtes Verhältnis, das etwa 1 : 2,4 beträgt.

Dies ist — wie im nächsten Abschnitt noch ausführlich erhellt wird — deshalb verständlich, weil gerade den Absichten, eine Realität zu erwerben, im allgemeinen doch konkretere Vorstellungen über deren zukünftigen Verwendungszweck zugrunde liegen dürften. Denn die meisten Realitäten-Nachfragen suchen weniger die Realität als solche, sondern deren meist zentral gelegenen Standort. Da die Grundstücke an derartigen Standorten fast immer schon bebaut sind, können in den meisten Fällen nur Realitäten erworben werden. Im übrigen handelt es sich in der überwiegenden Mehrzahl um Miethäuser, die früher oder später für andere Zwecke Verwendung finden oder überhaupt demoliert werden.

Die Nachfrage nach Grundstücken ist, wie bei den Angeboten im „Kerngebiet" — also in den Wiener Gemeindebezirken westlich des Gürtels — relativ am höchsten; das Gemeindegebiet von Klosterneuburg, das hinsichtlich der Angebote von Grundstücken und Realitäten zum Kerngebiet gezählt werden muß, fällt hier mit nur drei Nachfragen nach Grundstücken heraus.

Im Stadtgebiet von Wien haben sich — gereiht nach der Anzahl der Nachfragen — auf den 19. Bezirk 31 Nachfragen, den 13. 28 N. und den 23. 27 N. bezogen. Die Nachfragen nach Grundstücken in den übrigen Bezirken liegen zwischen 10 und 19 Anzeigen je Bezirk, so im 21. Bezirk mit 16, im 14. Bezirk mit 15, im 18. Bez. mit 13 und im 12. Bezirk mit 11 Nachfragen. Für den 1. und 8. Bezirk lagen überhaupt keine Nachfragen vor (siehe Abb. 4).

Zwischen 5 und 9 Anfragen nach Grundstücken liegen vor für die niederösterreichischen Gemeinden *Bisamberg, Perchtoldsdorf, Mödling* und *Baden*, während eine bis vier Anfragen auf die Gemeinden *Langenzersdorf, Klosterneuburg, Gablitz, Purkersdorf, Neulengbach, Breitenfurt, Gießhübl, Wiener Neudorf, Alland, Klausen-Leopoldsdorf, Bad Vöslau, Neunkirchen* und *Bruck a. d. Leitha* entfallen.

Obwohl 411 Nachfragen nach Grundstücken nicht lokalisiert und daher auch nicht kartographisch erfaßt werden konnten, läßt doch Abb. 4 ebenfalls die Stoßrichtung der „Verstädterung" nach Südwesten deutlich erkennen.

5. Die Nachfrage nach Realitäten

Die räumliche Verteilung der Nachfragen nach Realitäten auf die einzelnen Wiener Gemeindebezirke bzw. niederösterreichischen und burgenländischen Gemeinden weist im Vergleich mit der nach Grundstücken nur geringfügige Unterschiede auf. Lediglich die Anzahl der Nachfragen ist — wie bereits erwähnt — höher und beträgt im 19. (59 Nachfr.), 13. (57 N.) 14. (54 N.) und 18. Wiener Gemeindebezirk (50 N.) jeweils zwischen 50 und 60 Anzeigen dieser Art (siehe Abb. 5).

Mit 20 bis 49 Nachfragen folgen dann der 21. (43 N.), 23. (36 N) 17. (30 N.) und 22. (26 N) Gemeindebezirk sowie die Stadtgemeinde Baden mit 31 Anzeigen.

Aber auch die Stadtgemeinde Klosterneuburg scheint mit 17 Nachfragen bereits dieselbe Siedlungsgunst aufzuweisen wie etwa der 12. und 15. (je 17 N.), der 16. (15 N.) sowie der 2. und 10. Bezirk Wiens mit je 12 Nachfragen.

Die Wiener Gemeindebezirke 1, 4, 6, 7, 8, 9 und 10 sowie die niederösterreichischen Gemeinden, die bis zu 9 Nachfragen aufweisen, decken sich im wesentlichen mit den schon im Zusammenhang mit der Nachfrage nach Grundstücken erwähnten Bezirken bzw. Gebietskörperschaften. Dazu kommen jedoch noch die Gemeinden *Guntramsdorf, Münchendorf, Pottenstein, Reichenau* (Rax) sowie das Gebiet der Freistadt *Rust* im Burgenland.

6. Die Nachfrage nach Grundstücken und Realitäten

Ebenso wie wir die Grundstück- und Realitäten-Angebote zusammengefaßt und in Abb. 3 kartographisch dargestellt haben, möchten wir dies auch hinsichtlich der Nachfragen tun (siehe Abb. 6). Dies schon deshalb, um eine *Bilanz* zwischen allen erfaßten und lokalisierbaren *Angeboten* und allen derartigen *Nachfragen* zu ermöglichen.

Das Ergebnis dieser kartographischen Darstellung zeigt das gewohnte Bild. Das Kerngebiet aller Angebote zeichnet sich auch durch eine relativ hohe Anzahl (zwischen 20 und 99) von Nachfragen aus, dabei erfreut sich der 19. Wiener Gemeindebezirk mit 90 Nachfragen offensichtlich besonderer Beliebtheit. Erst dann folgen der 13. Bezirk (85 N.), 14. Bezirk (69 N.), 18. und 23. Bezirk (je 63 N.). Aber auch der 21. Wiener Gemeindebezirk kann mit 59 Nachfragen zum Kerngebiet gezählt werden.

Außerhalb der Stadtgrenzen von Wien weisen die niederösterreichischen Gemeinden des Gerichtsbezirkes *Purkersdorf* (ohne die OG. Wolfsgraben), fast die Hälfte der Gemeinden des Gerichtsbezirkes *Mödling* bis zu 9, die Stadt *Baden* 39 und ihre Nachbargemeinden ebenfalls bis zu 9 Nachfragen auf.

7. Gebiete mit überdurchschnittlichen Angeboten oder Nachfragen nach Grundstücken und Realitäten

Nach der Erhellung der Angebote und der Nachfragen nach Grundstücken und Realitäten wäre es nun naheliegend, eine *Bilanz* zu ziehen, um so die voraussichtlichen *siedlungsaktiven* und *siedlungspassiven* Gebiete abgrenzen zu können. Diesem Vorhaben steht jedoch die Tatsache entgegen, daß — wie schon erwähnt — lediglich 855 Nachfragen lokalisiert werden konnten, während bei 755 Anzeigen keinerlei Hinweise auf die gewünschte Gemeinde, ja nicht einmal auf die gewünschte Entfernung zum Stadtzentrum Wiens oder die gewünschte Himmelsrichtung zu entnehmen waren. Demnach würde eine *generelle* Bilanz zwischen Angebot und Nachfrage leider kein brauchbares Resultat ergeben.

Wenn wir jedoch berücksichtigen, daß die Angebote an Grundstücken und Realitäten im Stadtgebiet von *Wien, Klosterneuburg, Baden* oder *Mödling* — schon im Hinblick auf die hohen Bodenpreise — fast immer sehr genau angeben, wo die Realität oder das gewünschte Grundstück liegt und welcher Verwendung es zugeführt werden soll, dann könnte doch eine Reihung der Wiener Gemeindebezirke bzw. der Gemeinden jeweils nach der Anzahl der Angebote bzw. der Nachfragen wertvolle Vergleichsmöglichkeiten bieten. Wir haben daher die nachstehenden Tabellen zuerst getrennt für die Wiener Bezirke und für die niederösterreichischen Gemeinden aufgestellt und bieten dann eine gemeinsame Reihung der Gemeindebezirke und niederösterreichischen Gemeinden dar.

Tabelle 2: Reihung der Wiener Gemeindebezirke nach der Anzahl der Angebote und Nachfragen nach Grundstücken und Realitäten im Jahre 1961.

	Wiener Gemeindebezirk	Summe der Angebote an Grundst. u. Realitäten		Wiener Gemeindebezirk	Summe der Nachfragen an Grundst. u. Realitäten
1.	13. Bezirk	575	1.	19. Bezirk	90
2.	23. Bezirk	435	2.	13. Bezirk	85
3.	19. Bezirk	384	3.	14. Bezirk	69
4.	14. Bezirk	290	4.	18. Bezirk	63
5.	18. Bezirk	218		23. Bezirk	63
6.	2. Bezirk	216	5.	21. Bezirk	59
7.	21. Bezirk	195	6.	17. Bezirk	37
8.	22. Bezirk	193	7.	22. Bezirk	36
9.	17. Bezirk	147	8.	12. Bezirk	28
10.	10. Bezirk	146	9.	15. Bezirk	23
11.	12. Bezirk	128	10.	10. Bezirk	21
12.	16. Bezirk	105	11.	16. Bezirk	20
13.	3. Bezirk	85	12.	2. Bezirk	16
14.	20. Bezirk	79	13.	11. Bezirk	14
15.	9. Bezirk	63	14.	3. Bezirk	12
16.	11. Bezirk	57	15.	9. Bezirk	11
17.	6. Bezirk	54	15.	5. Bezirk	10
18.	5. Bezirk	51	16.	20. Bezirk	9
19.	7. Bezirk	50	17.	4. Bezirk	6
20.	4. Bezirk	47		8. Bezirk	6
21.	19. Bezirk	39	18.	6. Bezirk	5
22.	8. Bezirk	28	18.	7. Bezirk	5
23.	1. Bezirk	20	19.	1. Bezirk	2
	Summe	3605			690

Tabelle 2 zeigt — ebenso wie schon die verschiedenen Abbildungen — sehr einprägsam, daß die fünf Wiener Bezirke (13., 23., 19., 14. und 18.) sowohl die größte Anzahl von Angeboten als auch die größte Anzahl von Nachfragen — allerdings in etwas anderer Reihung — aufweisen. Hinsichtlich der Angebote steht in Wien der 13. Bezirk an erster, der 23. an zweiter und der 19. an dritter Stelle, hinsichtlich der Nachfrage der 19. an erster, der 13. an zweiter und der 14. Bezirk an dritter Stelle.

Tabelle 3: Reihung der niederösterreichischen Ortsgemeinden mit mehr als 100 Angeboten und mehr als 20 Nachfragen nach Grundstücken und Realitäten im Jahre 1961

	Gemeinden mit 100 und mehr Angeboten	Summe der Angebote an Grundst. u. Realitäten		Gemeinden mit 20 und mehr Nachfragen	Summe der Nachfragen an Grundst. u. Realitäten
1.	Klosterneuburg	343	1.	Baden	39
2.	Baden	255	2.	Mödling	22
3.	Perchtoldsdorf	187	2.	Perchtoldsdorf	22
4.	Mödling	146	3.	Klosterneuburg	20
5.	Purkersdorf	113			
6.	Eichgraben	105			
7.	Breitenfurt	101			

Tabelle 4: Reihung der wichtigsten Wiener Gemeindebezirke und niederösterreichischen Ortsgemeinden nach der Anzahl der Angebote und Nachfragen nach Grundstücken und Realitäten im Jahre 1961

	Wiener Gemeindebezirke bzw. NÖ Ortsgemeinden	Summe der Angebote an Grundst. u. Realitäten		Wiener Gemeindebezirke bzw. NÖ Ortsgemeinden	Summe der Nachfragen an Grundst. u. Realitäten
1.	13. Bezirk	575	1.	19. Bezirk	90
2.	23. Bezirk	435	2.	13. Bezirk	85
3.	19. Bezirk	384	3.	14. Bezirk	69
4.	Klosterneuburg	343	4.	18. Bezirk	63
5.	14. Bezirk	290		23. Bezirk	63
6.	Baden	255	5.	21. Bezirk	59
7.	18. Bezirk	218	6.	Baden	39
8.	2. Bezirk	216	7.	22. Bezirk	36
9.	21. Bezirk	195	8.	12. Bezirk	28
10.	22. Bezirk	193	9.	15. Bezirk	23
11.	Perchtoldsdorf	187	10.	Mödling	22
12.	17. Bezirk	147		Perchtoldsdorf	22
13.	10. Bezirk	146	11.	21. Bezirk	21
	Mödling	146	12.	16. Bezirk	20
				Klosterneuburg	20

In Niederösterreich wiederum nimmt bei den Angeboten Klosterneuburg den ersten, Baden den zweiten und Perchtoldsdorf den dritten Platz ein, während sich die größte Anzahl von Nachfragen auf das Gemeindegebiet von Baden, die zweitgrößte auf das von Mödling und Perchtoldsdorf und die drittgrößte auf Klosterneuburg bezieht. Außerhalb dieser Gebiete mit intensivem Grundstückmarkt (bestehend aus Angebot und Nachfrage) gibt es aber noch zahlreiche andere Gemeinden im Wienerwald (hier meist im Bereich der neuen Autobahntrasse), in der Nähe der Rax und am Semmering, die sich als Standort für das zweite Wohn- bzw. das Wochenendhaus empfehlen. So die Gemeinden *Purkersdorf* (101 Angebote, 4 Nachfragen), *Eichgraben* (105 Angebote, 3 Nachfragen), *Breitenfurt* (101 Ang., 4 Nachfr.), *Preßbaum* (68 Ang., 2 Nachfr.), *Neulengbach* (61 Ang., 1 Nachfr.), *Vösendorf* (33 Ang., keine Nachfrage) und *Semmering* (51 Angebote, keine Nachfrage).

Versuchen wir nun, innerhalb des Raumes mit überdurchschnittlichen Angeboten und Nachfragen nach Grundstücken und Realitäten die Bedeutung einzelner Wiener Gemeindebezirke bzw. niederösterreichischer Gemeinden (abgestuft nach der jeweiligen Anzahl der Anzeigen) zu erhellen, dann steht Klosterneuburg nach dem 13., 23. und 19. Bezirk bei den Angeboten bereits an vierter Stelle, gefolgt von Baden an 6. Stelle (nach dem 14. Bezirk). Auch bei den Nachfragen nach Grundstücken und Realitäten steht Baden — hier als erste niederösterreichische Gemeinde — ebenfalls an 6. Stelle, während Mödling und Perchtoldsdorf erst an 10. Stelle stehen. Die Stadtgemeinde Klosterneuburg weist gemeinsam mit dem 16. Wiener Gemeindebezirk je 20 Nachfragen auf und steht erst an 12. Stelle.

8. Überblick über die Grundstückpreise

Obwohl eine Darstellung der in den Angeboten von Grundstücken und Realitäten enthaltenen Grundstückpreise nach Wiener Gemeindebezirken bzw. nach Ortsgemeinden zahlreiche Imponderabilien aufweist und daher mit Vorbehalten zu beurteilen ist, so bildet sie schon deshalb eine wertvolle Grundlage, weil es sich um den ersten Versuch einer regionalen Darstellung der (fiktiven) Bodenpreise handelt.

Zu den Imponderabilien zählen wir die Tatsache, daß nur ein Teil der Anzeigen mit Angeboten an Grundstücken oder Realitäten Preisangaben enthielt; weiters die Tatsache, daß in vielen Fällen aus dem Angebot nicht eindeutig zu entnehmen war, ob es sich um zur Gänze oder nur teilweise aufgeschlossene Parzellen oder um nicht aufgeschlossenes Land handelt und ob die „positive" Beurteilung der Grundstücksqualität durch den Grundverkäufer — ausgedrückt durch einen mehr oder weniger hohen Grundpreis — auch tatsächlich gerechtfertigt ist.

Zwar haben wir versucht, den tatsächlichen Verhältnissen möglichst nahezukommen, indem von jedem Wiener Gemeindebezirk und von jeder Ortsgemeinde jeweils der maximale, der minimale Grundpreis sowie aus der Summe aller Angebote mit Preisangaben auch der Durchschnittspreis je Quadratmeter ermittelt wurde. Doch auch dieses Vorgehen ist nicht in allen Fällen erfolgreich, denn die Berechnung des durchschnittlichen Grundstückpreises ist zweifellos zutreffender, wenn dafür — wie für das Gemeindegebiet Klosterneuburg — 101 Angebote vorliegen, als etwa für das Stadtgebiet Korneuburg, wo nur drei Angebote mit Preisangaben feststellbar waren. Um daher einigermaßen zutreffende Aussagen zu erhalten, stellen wir in Abb. 7 nur die Wiener Gemeindebezirke bzw. niederösterreichischen bzw. burgenländischen Gemeinden dar, deren durchschnittliche Bodenpreise auf Grund von mehr als fünf Angeboten errechnet werden könnten.

Wenn wir schließlich noch berücksichtigen, daß seit dem Jahre 1961 auch die Bodenpreise eine beträchtliche Erhöhung erfahren haben, dann dürfte das aus Abb. 7 ersichtliche Ergebnis ungefähr den Tatsachen entsprechen. (Zumindest insofern, als die verschiedenen Grundpreiszonen mit den vorhandenen Gegebenheiten übereinstimmen). Beginnen wir mit der Zone der höchsten durchschnittlichen Grundpreise mit jeweils mehr als S 499,—/m², dann umfaßt sie auf Grund der ermittelten Werte den 5., 15. und 10. Wiener Gemeindebezirk. Es ist aber zweifellos auch die Annahme gerechtfertigt, daß die durchschnittlichen Bodenpreise im 1., 3., 4., 6., 7., 8. und 9. Bezirk ebenfalls weit über S 499,— liegen. Wir haben daher dieses Faktum in der Abb. 7 berücksichtigt.

Westlich von diesem zentralen Gebiet höchster Grundpreise schließt die Grundpreiszone mit 200—499 S an, deren Form und Ausdehnung sich ungefähr mit dem schon bisher erwähnten Kerngebiet deckt. Sie umfaßt außer dem 20. Bezirk noch · alle westlichen Wiener Gemeindebezirke sowie außerhalb von Wien die Gemeinden *Perchtoldsdorf* (230,—/m²) und *Gießhübl* (245,— S/m²).

Die *dritte Grundpreiszone* mit 100—199 S/m² umfaßt den 2. (190,— S), 11. (175,— S) und 21. Bezirk (151,— S) im Osten, das Stadtgebiet *Klosterneuburg* (115,— S) im Norden, die Gemeinden *Purkersdorf* (169,— S), *Laab im Walde* (130,— S), *Breitenfurt* (118,— S), im Westen und *Brunn am Gebirge* (139,— S), *Vösendorf* (186,— S), *Maria Enzersdorf* (138,— S), *Mödling* (122,— S), *Hinterbrühl* (162,— S), *Wiener Neudorf* (110,— S) und *Guntramsdorf* (110,— S) im Süden.

Außerhalb dieser mehr oder weniger geschlossenen Preiszone liegen noch einzelne Gemeinden, wie die Stadt *Baden* (173,— S), *Pfaffstätten* (130,— S), die Freistadt *Rust* (100,— S) und die Stadt *Hainburg* (150,— S), deren durchschnittliche Bodenpreise 100,— S und mehr betragen.

Wie Abb. 7 schließlich deutlich erkennen läßt, deckt sich die vierte Grundpreiszone (50,— bis 99,— S) — mit geringfügigen Abweichungen — mit dem in Abb. 10 ersichtlichen Kernraum überdurchschnittlicher Grundstück- und Realitäten-Angebote mit mehr als 10 Angeboten.

Von den außerhalb dieser mehr oder weniger geschlossenen Preiszone liegenden Gemeinden ist hervorzuheben *Puchberg am Schneeberg* mit 57,— S und *Reichenau* (Rax) mit 80,— S Durchschnittspreis je Quadratmeter Grundfläche. Zum Vergleich: für *Wiener Neustadt* wurde aus 13 Angeboten ebenfalls ein Durchschnittspreis von 78,50 S/m² errechnet.

Damit wird der ursächliche Zusammenhang von Angebot, Nachfrage und Bodenpreis einprägsam erhellt und ein weiterer Hinweis auf die voraussichtlichen Entwicklungsrichtungen der Stadtregion gegeben.

9. Die Stadtregion Wien und der „Raum überdurchschnittlicher Grundstück- und Realitäten-Angebote und -Nachfragen"

Nach der ausführlichen Darlegung der Grundstück- und Realitäten-Angebote und Nachfragen ist es nun möglich, vorzuführen, in welchem Ausmaß zwischen der von Ludwig S. *Rutschka*[3]) vorgenommenen Abgrenzung der Stadtregion Wien nach der

---

[3]) Ludwig S. *Rutschka:* Stadt und Land, ein Grenzproblem. Berichte zur Landesforschung und Landesplanung. Jhg.   S. 354 ff. Wien 1962.

bekannten Methode von *Boustedt* und der vorliegenden Abgrenzung des Raumes mit einer überdurchschnittlichen Anzahl von Grundstück- und Realitäten-Angeboten und -Nachfragen Übereinstimmung besteht und welche Unterschiede zu erkennen sind.

Wir gehen dabei so vor, daß wir in Abb. 9 die Summe aller Angebote und Nachfragen nach Wiener Stadtbezirken und nach Ortsgemeinden darstellen, soweit es sich um mehr als 10 Angebote und Nachfragen handelt. Um diesen großen Raum eines intensiveren Grundstückmarktes jedoch zu untergliedern, haben wir auch noch alle Wiener Stadtbezirke bzw. Ortsgemeinden mit mehr als 100 Angeboten und Nachfragen gekennzeichnet. Die von *Rutschka* vorgenommene Abgrenzung der Stadtregion — die nur zum Teil mit den Ortsgemeindegrenzen übereinstimmt — wurde ebenso eingetragen wie die des Österr. Instituts für Raumplanung.

Beim Vergleich beider Begrenzungslinien fällt nun auf, daß sich im südöstlichen Umland von Wien ein vor allem den *Gerichtsbezirk Schwechat* umfassender *siedlungspassiver Raum* ergibt, der zumindest 1961 offensichtlich durch eine mehr oder weniger starke Stagnation des Grundstückmarktes gekennzeichnet wurde, obwohl er auf Grund seiner Wirtschafts- und Sozialstruktur mit Recht in die Stadtregion Wien einzubeziehen war. Als Begründung ist wohl anzuführen, daß es sich um einen Raum von geringerer Verkehrsgunst handelt, dessen landschaftliche Schönheit zwangsläufig von der des Wienerwalds übertroffen wird.

So ist es auch verständlich, daß die siedlungsaktiven Gemeinden *Preßbaum, Wolfsgraben, Eichgraben, Purkersdorf, Tullnerbach* und *Breitenfurt* bereits rd. 10 Kilometer über die von *Rutschka* abgegrenzte Stadtregion hinausreichen. Hier werden nämlich aller Voraussicht nach erst im Zuge der weiteren Siedlungsentwicklung in etwa zehn Jahren die Merkmale festzustellen sein, die für die derzeitige Abgrenzung der Stadtregion angewendet worden sind.

Aber auch südlich der Grenzen der Stadtregion Wien reicht das Gebiet mit mehr als zehn Angeboten und Nachfragen um rund neun Kilometer weiter bis zur südlichen Gemeindegrenze von *Bad Vöslau.* Es umfaßt außerdem noch die Gemeinden *Gumpoldskirchen, Hinterbrühl, Giesshübl, Baden* und *Münchendorf.*

Ein kleinerer Unterschied zwischen *Rutschkas* Stadtregion-Abgrenzung und der Abgrenzung des Gebietes mit mehr als 10 Angeboten und Nachfragen ergibt sich lediglich noch westlich von Klosterneuburg. Hier liegt südlich der Donau ein weiterer kleiner siedlungspassiver Raum, der weniger als 10 Angebote oder Nachfragen aufweist. Dafür stimmen die nördliche Grenze der Stadtregion, die nur geringfügig von der Wiener Stadtgrenze abweicht, und die Grenze des Gebietes mit mehr als 10 Angeboten oder Nachfragen sehr weitgehend überein, da die Siedlungsdynamik des nördlich der Donau gelegenen Gebietes wesentlich geringer ist.

Ein Vergleich des *Flächenausmaßes* der Stadtregion Wien — die *Rutschka* mit 1.316 km² und 1,794.544 Einwohnern errechnet hat — mit dem des Raumes mit mehr als zehn Angeboten und Nachfragen von Grundstücken und Realitäten (im Jahre 1961) mit 1.028,83 km² und 1,790.098 Einwohnern zeigt im übrigen keine wesentlichen Unterschiede. Denn die nach Westen und Süden über die Grenze der Stadtregion hinausreichenden siedlungsaktiven Gebiete mit mehr als 10 Angeboten und Nachfragen haben etwa das gleiche Flächenausmaß wie die siedlungspassiven Gebiete südöstlich der Stadtgrenze von Wien.

*VI. Einige Hinweise auf die zukünftige Entwicklung der Stadtregion Wien auf
Grund der Erhellung des Grundstück- und Realitätenmarktes*

Versuchen wir nun aus den Ergebnissen dieser Untersuchung einige grundsätzliche
Schlußfolgerungen für die Raumplanung und Raumordnungspolitik zu ziehen, dann
wäre festzustellen:

1. Die starke Intensität des Grundstückmarktes in der Stadtregion Wien und die
durch den Ausbau der beiden westlichen Autobahnäste bewirkte große Verkehrsgunst in diesem Teilgebiet läßt deutlich erkennen, daß mit Verboten allein, die
letzthin doch auf Kosten der Bevölkerung der wirtschafts- und finanzschwachen
Gemeinden erlassen werden müßten, im günstigsten Fall nur Teilerfolge zu erzielen
sind.

Daher kann nur ein vernünftiger Ausgleich zwischen den vitalen Interessen der niederösterreichischen Gemeinden der Stadtregion Wien — vor allem aber der Wiener-
wald-Gemeinden und ihrer Bevölkerung — mit den echten Erholungsbedürfnissen
der Wiener Bevölkerung eine dauerhafte und nützliche Lösung erzielen. Denn es
ist weder zu verantworten noch zu vertreten, daß die niederösterreichischen Gemeinden, vor allem westlich, südwestlich und südlich der Stadtgrenze auf wirtschaftliche Aktivitäten nur deshalb verzichten sollen, weil dem die zweifellos ebenso be-
rechtigten Erholungsinteressen der Wiener Bevölkerung entgegenstehen.

Gerade die Pressekampagne der letzten Wochen um den Bisamberg und seine Bedeutung für die Erholung der Wiener Bevölkerung stellt einen eindrucksvollen Beweis dafür dar, daß für einen solchen vernünftigen Ausgleich zwischen den Interessen der Länder Niederösterreich und Wien, der Gemeinden und Grundbesitzer
vorerst noch keine ausreichenden Voraussetzungen gegeben sind.

Mit Verboten allein zu Lasten des Grundbesitzers kann ein durch mittelbare Kriegs-
auswirkungen devastierter Landschaftsteil wohl nicht auf Dauer für Erholungszwecke
gesichert werden.

2. Für das Land Niederösterreich und seine verantwortlichen Autoritäten ergibt sich
daraus die zwingende Notwendigkeit, *wirksame und praktikable Maßnahmen zur
Stärkung der Wirtschafts- und Finanzkraft* vor allem der Stadtgemeinde *Klosterneuburg* sowie der Gemeinden der *Gerichtsbezirke Purkersdorf, Neulengbach, Mödling* und *Baden* einzuleiten, wenn diese Gebiete nicht im Laufe der nächsten Zeit
immer mehr zu reinen „*Wohngemeinden*" werden sollen. Denn es steht außer Zweifel,
daß diese wirksamen Maßnahmen nur im Rahmen von kommunalen Raumplanungen
vollzogen werden können, deren übergemeindliche Zielsetzungen durch eine umfassende regionale Stadt-Umland-Planung zu erarbeiten sind. Derzeit besitzt nämlich eine größere Anzahl der niederösterreichischen Gemeinden der Stadtregion Wien
keinen rechtswirksamen Bebauungsplan und ist daher der überstürzten, vielfach
spekulativen Entwicklung nahezu wehrlos ausgeliefert (Abb. 11).

3. Für die maßgebenden politischen Autoritäten der Bundeshauptstadt Wien wieder-
um ist es bedeutungsvoll zu wissen, daß die „offizielle" raumordnungspolitische
Zielsetzung „Wien an die Donau" mit den Gegebenheiten des Grundstück- und
Realitätenmarktes nur mehr teilweise in Übereinstimmung steht.

Ohne Zweifel haben die umfassenden Verbesserungen auf dem Gebiete des
Verkehrs, der Versorgung und der öffentlichen Einrichtungen, die von der Stadtgemeinde Wien in den jenseits der Donau gelegenen Stadtbezirken vor allem im

letzten Jahrzehnt vorgenommen wurden, die Verkehrs- und Wohngunst sehr positiv beeinflußt; auch wird es sicherlich möglich sein, im Rahmen des kommunalen Wohnungsbaues die Ansiedlung weiterer Bevölkerungsteile im Stadtgebiet jenseits der Donau noch stärker zu fördern, als dies bisher der Fall war.

Berücksichtigen wir jedoch, daß früher oder später auch in Österreich eine wesentliche Änderung der Wohnungspolitik erfolgen und damit eine größere Freizügigkeit in der Wahl des Wohnplatzes eintreten wird, dann ist allerdings mit großer Wahrscheinlichkeit anzunehmen, daß sich die Verdichtung in den westlichen Stadtbezirken verstärken und die „Verstädterung" vor allem im Westen, dann im Südwesten und Süden von Wien noch weiter zunehmen wird.

Wir haben schon einmal darauf hingewiesen, daß nach u. E. der sehr gerechtfertigten Stadterweiterungspolitik der Stadt Wien in Richtung Nordwesten, Norden und Nordosten gewisse „psychologische Schranken" entgegenstehen, die nicht unterschätzt werden sollten. Die Gebiete jenseits der Donau sind durch die Ereignisse unmittelbar nach dem Zweiten Weltkrieg und durch die Tatsache, daß sie in Richtung einer „toten" Grenze liegen und nicht so eindrucksvolle landschaftliche Gegebenheiten aufweisen, weniger attraktiv, als etwa die Teilgebietet der Stadtregion westlich und südwestlich der Bundeshauptstadt, die noch dazu von den wichtigsten Hauptverkehrsadern durchschnitten werden, die Wien mit dem — psychologisch verstanden — „Freien Westen" verbinden.

Dazu kommt noch, daß im Bereich der Anschlußstellen der Autobahn Wien—Salzburg — die mit ihren beiden Ästen den Wienerwald durchstößt — zwangsläufig eine noch viel regere Siedlungstätigkeit einsetzen wird, als sie derzeit besteht und daß es wohl erfolglos sein dürfte, sie nur mit dem einigermaßen stumpfen „Schwert" des Naturschutzes allein in vernünftigen Grenzen zu halten.

Zum Beweis: Zahlreiche Anzeigen über Grund-Angebote und Nachfragen enthielten ausdrücklich den Hinweis auf die im Bau befindliche bzw. geplante Autobahn und die dadurch verkürzte Fahrzeit von und nach Wien.

Im übrigen hat es durchaus den Anschein, als wenn wir das Modell des „*Green belt*" — von Eugen *Faßbender* erstmals 1898 als „*Volksring*" und ab 1905 als „*Wald-* und *Wiesen-Gürtel*" bezeichnet — einer gründlichen Überprüfung unterziehen müßten. So bemerkt *Donald L. Foley* — wohl auf Grund praktischer Erfahrungen — mit Recht, daß sich die „vielgepriesene Grüngürtel-Idee", die derzeit noch als das wichtigste Mittel angesehen wird, um „städtebauliche Kontraste" zu erzielen und ein „Ausufern" der Großstädte zu verhindern, möglicherweise dann zu einem Anachronismus entwickeln könnte, wenn durch die Beschleunigung der Verkehrsmittel wesentlich größere Räume überwunden werden.

„Der Grüngürtel wird also keineswegs die funktionalen Beziehungen im Raum blockieren; er wird aber größere Reibungen und damit höhere Kosten in den Fluß der Verkehrsströme bringen, die zwischen den Teilen der Region und denjenigen außerhalb des Grüngürtels liegen."[4])

Es besteht nun kein Zweifel daran, daß nach Fertigstellung der West- und Süd-Autobahn eine wesentliche Beschleunigung des Kraftfahrzeugverkehrs und damit auch eine räumliche Erweiterung der Stadtregion Wien eintreten wird. Dies umsomehr deshalb, weil ja gleichzeitig auch ein grundlegender Ausbau des Schnellbahn-

---

[4]) Foley, Donald L.: Some notes on planning for Greater London. The Town Planning Review, Bd. 32. 1961. Besprochen in: Informationen 1961.

netzes erfolgen soll, der im Zusammenhang mit der Ausgestaltung des innerstädtischen Verkehrsnetzes von Wien diese Erweiterungstendenzen wohl noch verstärken wird.

Da das vorzeitige Wissen um die voraussichtliche Erweiterung einer Stadtregion für Politik, Raumplanung und Wirtschaft ebenso von Bedeutung ist, wie etwa die Kenntnis von den sozio-ökonomischen Vorgängen, die zur Verschmelzung einer mehr oder weniger großen Anzahl von Gebietskörperschaften zu *einer* Stadtregion geführt haben, wurde in Abb. 10 der Versuch unternommen, die voraussichtliche Ausdehnung der Stadtregion Wien um 1975 schematisch darzustellen.

Wir gingen dabei von der Überlegung aus, daß die außerhalb der von *Rutschka* abgegrenzten Stadtregion Wien liegenden niederösterreichischen Gemeinden mit mehr als 10 Angeboten und Nachfragen im Lauf des nächsten Jahrzehnts eine so intensive Siedlungsentwicklung erfahren dürften, daß dann ihrer Einbeziehung in die Stadtregion auf Grund der derzeit als zweckmäßig anerkannten Merkmale nichts mehr im Wege stehen wird.

Wie Abb. 10 zeigt, dürfte die Stadtregion in etwa zehn Jahren eine Längserstreckung von rd. 68—76 Kilometer und eine Quererstreckung von rd. 47 km aufweisen. Die Haupterweiterung wird nach u. E. nach Westen und Südwesten erfolgen, denn eine größere Erweiterung nach Norden oder Nordosten ist wohl erst nach der Errichtung einer Donaubrücke bei Klosterneuburg und einer weiteren südlich der Reichsbrücke zu erwarten. Ob die geplante Autobahn zum Flughafen Schwechat auch eine östliche Staderweiterung zur Folge haben wird, kann derzeit noch nicht beurteilt werden.

Mit großer Wahrscheinlichkeit ist aber anzunehmen, daß sich der Kernraum auch nach Süden bis etwa *Bad Vöslau* erweitern dürfte, weil einer ins Gewicht fallenden Erweiterung nach Westen der „*Wald- und Wiesengürtel*" mit Recht im Wege steht. Als Beweis für die Wahrscheinlichkeit unserer Prognose möchten wir darauf hinweisen, daß eine Auswertung der Angebote ergeben hat, daß sich 899 Anzeigen auf Grundstücke und Realitäten beziehen, die in einer Entfernung von 20—30 km von Wien, und weitere 688 Anzeigen auf solche, die 30 km und mehr vom Stadtzentrum der Bundeshauptstadt entfernt liegen. Da die Wiener Stadtgrenze jeweils in einer Entfernung von rd. 15 km vom Stephansplatz verläuft, müssen wir die auf Wien entfallenden Angebote, also 3485 Grundstück- und Realitäten-Angebote von der Gesamtsumme aller Angebote (6913) abziehen, um die in einer Entfernung von weniger als 20 km lokalisierbaren Anzeigen feststellen zu können. Demnach verbleiben noch 3428 Angebote, von denen sich wiederum 1597 oder 46% auf weiter als 20 km vom Stadtzentrum Wien entfernt liegende Grundstücke und Realitäten beziehen.

Nach dieser methodischen Untersuchung des Grundstück- und Realitätenmarktes und der Prognose über die zukünftige Ausdehnung der Wiener Stadtregion ist es nun gerechtfertigt, auch eine praktische Nutzanwendung zu ziehen und die vorliegenden Gestaltungsmodelle zu überprüfen und einen brauchbaren Vorschlag zu unterbreiten.

1. Vorschlag für die Gestaltung der Wiener Stadtregion von *Erwin Ilz*

Der frühere Ordinarius für Städtebau und Landesplanung an der Technischen Hochschule Wien, *Erwin Ilz* (†), hat 1938 in einem sehr aufschlußreichen Beitrag Vorschläge für die Gestaltung der Wiener Stadtregion unterbreitet, denen auch heute noch große Bedeutung zukommt. Ilz schlug „zunächst die Schaffung eines Nahverkehrs-(Schnellbahn)netzes" vor, „das einerseits weit in die Randgebiete hinausgreift und den gesamten städtischen Einflußraum bestreicht, andererseits aber bis in den innersten Stadtkern hineingreift."[5]

Auf Grund dieses Verkehrsliniengerippes versuchte nun Ilz „im Raume Wien die *Freiflächenfrage im Sinne neuzeitlicher Stadtentwicklung*" nach folgenden Grundsätzen (die auch heute noch mit Ausnahme von Punkt 2 im vollen Ausmaß Gültigkeit haben) zu lösen:

„1. *Keine Mehrbelastung* im Bereich der bestehenden Baugebiete, was selbstverständlich deren saubere Abrundung und Ausgestaltung nicht ausschließt.

2. *Möglichste Entlastung der bestehenden Baugebiete* durch Auskernung und Beseitigung überalterter Baubestände, deren Gründe nur zum Teil wieder verbaut werden sollen.

3. *Umsiedlung* auf möglichst entlegenes, jedoch in guter Verkehrsbindung mit dem Stadtkern stehendes Neuland.

4. *Strahlenförmige Ausrichtung* jeglichen neuen Baugebietes; Vermeidung quergelagerter Bebauungen, welche den Einzugsraum der Freiflächen abriegeln könnten.

5. Sammlung und Zusammenfassung aller Arten von Freiflächen in den vorzusehenden *Grünstreifen;* dies aus wirtschaftlichen Gründen und zur Erhöhung von deren Stoßkraft.

6. *Verteilung der Freiflächen* auf Grund des jeder einzelnen Gattung von Freiflächen zukommenden Einflußbereiches."

Sein konkreter Vorschlag ging nun dahin, entlang der bestehenden oder von ihm vorgeschlagenen Schnellbahnstrecken „Siedlungsstreifen in der angegebenen Länge und in einer durchschnittlichen Breite von 500 m" anzulegen, wodurch rd. 6650 ha neue Siedlungsflächen — bedient von einem leistungsfähigen Massenverkehrsmittel — zur Verfügung gestanden wären.

Wie Abb. 13 b deutlich erkennen läßt, strebte Ilz eine möglichst weitgehende räumliche Ausgewogenheit der Stadterweiterung Wiens an, denn er schlug sowohl nördlich als auch südlich der Donau je fünf Siedlungsbänder vor, deren Lage und Länge die nachstehende Tabelle zeigt:

Südbahn: Hetzendorf — Gumpoldskirchen	10,5 km
Badener Lokalbahn: Inzersdorf — Guntramsdorf	8,5 km
Alte Pottendorfer- und Aspangbahn: Inzersdorf — Guntramsdorf	17,5 km
Alte Aspang- und Ostbahn (Bruck): Kledering — Gramatneusiedl	18,5 km
Preßburger Lokalbahn: Schwechat — Fischamend	10,5 km
Neue Schnellbahnstrecke: Stadlau — Franzensdorf	15,5 km
Ostbahn (Marchegg): Hirschstetten — Glinzendorf	22,0 km
Nordbahn: Süßenbrunn	2,5 km
Ostbahn (Grusbach): Gerasdorf — Seyring	10,5 km
Landesbahn: Stammersdorf — Königsbrunn	11,0 km
Nordwestbahn: Strebersdorf — Bisamberg	6,0 km
zusammen	133,0 km

Welche Bedeutung Ilz dem „*Wiener Wald*" als regionalem Erholungsgebiet beimaß, geht daraus hervor, daß er jede bedeutendere Siedlungsentwicklung im Westsektor

---

[5] Erwin Ilz: Der Gau Wien im Rahmen der Landes- und Stadtplanung. Raumforschung und Raumordnung S. 430. Heidelberg 1938.

der Stadtregion durch eine planmäßig gelenkte Erweiterung nach Norden, Osten und Süden aufzuhalten versuchte. Ein kluger und umfassend begründeter Vorschlag also, dem 1938 insoferne reale Bedeutung zukam, als anstelle der heutigen „toten" Grenze enge politische, wirtschaftliche, soziale und kulturelle Beziehungen zu den östlichen Nachbarstaaten bestanden haben.

Im Grund genommen besteht das Modell von Ilz aus zehn strahlenförmig angeordneten „*Bandstädten*", die jeweils auf das Stadtzentrum ausgerichtet sind. Er greift damit auf ein Modell der Stadterweiterung zurück, das von dem Spanier *Soria y Mata* 1882 [6]) für Madrid entworfen, von *A. N. Miljutin* um 1930 für die Errichtung von Industriestädten in Sibierien modifiziert und — entsprechend umgestaltet — von *Le Corbusier* wenig später als „*cité industrielle*" auch für europäische Gegebenheiten und Bedürfnisse zur Anwendung empfohlen worden ist (Abb. 13 c). Es besteht kein Zweifel daran, daß einem Gestaltungsmodell für eine Stadtregion, das auf einem leistungsfähigen, das Umland mit dem Stadtzentrum verbindenden Schnellbahnnetz aufgebaut ist, gerade heute vitale Bedeutung zukommt, wo die Stadtkerne an dem lawinenartig anwachsenden Kraftfahrzeugverkehr zu ersticken drohen.

2. Vorschlag für die Gestaltung der Wiener Stadtregion von *Roland Rainer* bzw. vom *Institut für Raumplanung.*

Nach dem Ende des Zweiten Weltkrieges wurden die Überlegungen zur Gestaltung der Wiener Stadtregion wieder aufgenommen und *Karl Brunner* schlug — in Anlehnung an das Modell der „new towns" — ebenfalls die Gründung von *Satellitenstädten* vor („nächst Floridsdorf — Stammersdorf, weiters bei Aspern — Eßling und im Süden .... zwischen Inzersdorf und Vösendorf" [7]).

Etwa zur selben Zeit versuchte *Roland Rainer*, wohl angeregt von Miljutins Vorschlägen und dem Vorschlag der M. A. R. S.-Gruppe für einen Bebauungsplan für Groß-London, die „konzentrische Stadt (Wien) schrittweise in einen weiträumigen, zeitgemäßen Organismus zu verwandeln: zunächst Konzentration aller neuen Bautätigkeit in die Siedlungsreihe im Süden, derart, daß zueinander gehörige Wohn- und Arbeitsstätten in selbständigen Stadtteilen begrenzter Größe entstehen. Verstärkung des Gegengewichtes Wiener Neustadt, u. a. dadurch, daß dieser Pol zum Schwerpunkt anderer Siedlungsreihen am Leithagebirge und gegen den Semmering zu wird .... Verbindung der ganzen Städtereihe durch eine Schnellbahn zwischen Wien und Wiener Neustadt, die weitaus billiger und einfacher zu bauen wäre als die geplante Untergrundbahn, die nach einer solchen Dezentralisation noch überflüssiger ist als jetzt." [8])

Aufbauend auf diesem „theoretischen Exempel" hat dann das *Institut für Raumplanung* das in Abb. 13 a dargestellte Modell über „Mögliche Entwicklungen im Umland Wiens" konzipiert, dem als Verkehrsgerüst lediglich „für die regionale Entwicklung bedeutsame Autobahnen und städtische Schnellstraßen" zugrunde liegen. Das Netz der öffentlichen Massenverkehrsmittel blieb unberücksichtigt, bzw. mußte unberücksichtigt bleiben, weil dessen Planung auch heute noch nicht abgeschlossen ist.

---

[6]) Wasmuths Lexikon der Baukunst. Bd. V. S. 56.
[7]) Karl Brunner: Stadtplanung für Wien. S. 68. Wien 1952.
[8]) Roland Rainer: Städtebauliche Prosa. S. 63 ff. Innsbruck 1948.

Das Modell sieht ein Siedlungsband entlang bzw. beiderseits der Autobahn Wien—
Tarvis und der Südbahn vor, das in Wiener Neustadt (hier wurde ein sehr starker
Zuwachs der Wohnbevölkerung 1951—61 und ein starker Zuwachs an Arbeitsplätzen
prognostiziert) ihr Ende findet. [Tatsächlich hat jedoch die Wohnbevölkerung von
Wiener Neustadt-Land in den Jahren 1951—1961 um 0,89% abgenommen, womit
der polit. Bezirk Wiener Neustadt (Wr. Neustadt-Stadt und Wr. Neustadt-Land)
nur eine Bevölkerungszunahme von 3,2% zu verzeichnen hatte. Die Anzahl der un-
selbständig Beschäftigten [9]) nahm im pol. Bezirk Wr. Neustadt in den Jahren von
1955—1960 um 10,1% zu und beträgt somit nur einen Bruchteil der Zunahme der
Beschäftigtenzahl von 28,0% im polit. Bezirk Wien-Umgebung innerhalb desselben
Zeitraumes]. Rainer bemerkt hierzu: „Die künftige Entwicklung im Umland der
Stadt (Wien), für die eine abgeschlossene Planung noch nicht bekannt ist, wird ihr
Schwergewicht voraussichtlich wohl nach wie vor in der historischen Siedlungskette
am westlichen Rande des Wiener Beckens, daneben auch im Raum von Schwechat,
Korneuburg und Klosterneuburg haben ...[10])
Vergleichen wir nun dieses Modell mit dem von Erwin *Ilz*, dann wird deutlich, daß
dieses vorerwähnte „Siedlungsband" nur einen Sektor seines umfassenden Gestaltungs-
vorschlages darstellt.
Um diesen Unterschied noch deutlicher hervorzuheben, haben wir in Abb. 13 ver-
sucht, die Schemata der drei regionalen Gestaltungsmodelle (Soria y Mata, Ilz,
Rainer — Institut für Raumplanung) miteinander zu vergleichen, weil sich dadurch
ausführlichere Analysen erübrigen.
Wir möchten trotzdem zu bedenken geben, daß durch die Errichtung der beiden
Äste der West-Autobahn eine sich noch wesentlich verstärkende Siedlungsentwicklung
nach Westen eintreten wird, da eine Einschränkung der Bautätigkeit im Bereich der
Anschlußstellen dieser Hauptverkehrslinien wohl nur in geringem Ausmaß möglich
ist. Die zwangsläufige Folge davon wird eine sehr einseitige Verkehrsbelastung
des Wiener Stadtstraßennetzes und seiner öffentlichen Verkehrsmittel im Westen und
Südwesten sein, die eine flüssige und ökonomische Verteilung der Verkehrsströme
zweifellos sehr erschweren muß.
Es ist deshalb geradezu ein Wettlauf mit der Zeit, wenn die Stadt Wien ihre raumordnungspolitischen Maßnahmen immer stärker auf das nördlich der Donau liegende
Gemeindegebiet konzentriert und durch den Bau von Donaubrücken eine ausreichen-
de Verkehrsverbindung mit dem Stadtzentrum, aber auch eine räumliche Ausgewogenheit herbeizuführen bestrebt ist.
Das von Erwin Ilz entwickelte Modell entspricht daher im Grundsätzlichen durchaus diesen Zielsetzungen, es entspricht aber auch genauso der in Abb. 10 dargestellten voraussichtlichen Abgrenzung der Wiener Stadtregion um das Jahr 1975.
Sollte in absehbarer Zeit von den politischen Autoritäten von Wien und Niederösterreich *ernstlich* eine Gesamtplanung für die Wiener Stadtregion veranlaßt werden, dann könnte dafür wohl das *Gestaltungs-Modell für die Stadtregion Hamburg*
(Abb. 12) deshalb als Beispiel dienen, weil es im Prinzipiellen nur eine stärkere Ak-
zentuierung der grundlegenden Vorschläge von Erwin Ilz darstellt (siehe Abb. 13).
Denn es steht außer Zweifel, daß ein regionales Gestaltungsmodell, das nicht auf

---

[9]) Österreichisches Institut für Raumplanung: Regionale Beschäftigtenentwicklung in Niederösterreich 1955—1960, S. 9, Wien 1962.
[10]) Roland Rainer: Planungskonzept Wien. S. 31. Wien 1962.

einem leistungsfähigen Schnellbahn- bzw. Untergrundbahn-Netz aufbaut (mit dem die in der Stadtregion wohnhaften Beschäftigten mühelos und rasch in das Stadtzentrum befördert werden können) und das nicht eine ausgewogene räumliche Siedlungsentwicklung anstrebt, allein schon auf Grund des außerordentlich stark ansteigenden Kraftfahrzeugverkehrs nicht mehr vertreten werden kann.

SCHLUSSBEMERKUNG

Wir haben mit unseren Ausführungen versucht, einen kleinen Beitrag zur Abgrenzung von Stadtregionen zu leisten, indem wir die Bedeutung einer Analyse des Grundstück- und Realitätenmarktes für eine Abgrenzung siedlungsaktiver und siedlungspassiver Teilgebiete und eine Beurteilung der wahrscheinlichen zukünftigen Erweiterung von Stadtregionen an einem repräsentativen Beispiel vorgeführt haben. Uns ist dabei bewußt, daß dieser erste methodische Versuch noch einer gründlichen Überprüfung, vor allem aber einer praktischen Erprobung bedarf, um möglicherweise allgemeine Bedeutung erlangen zu können.
Die praktische Nutzanwendung für die regionale Planung jedoch möchten wir als einigermaßen gesichert ansehen. Denn eine möglichst umfassende Kenntnis der Intensität, Struktur und Richtung des Grundstück- und Realitätenmarktes ist eine der wichtigsten Voraussetzungen für die Raumplanung; für jeden Planer ist es nämlich nicht nur wichtig zu wissen, *was ist,* sondern was — aller Voraussicht nach — *sein wird.* Denn nur eine so geartete Raumplanung ist wirksam und durchsetzbar, weil sie weniger durch *Verbote,* sondern viel mehr durch *Gebote* und *Hinweise,* die auf einer möglichst weitgehenden Raumkenntnis beruhen, eine nützliche und praktikable räumliche Gesamtgestaltung herbeizuführen versucht.

Additional material from *Beiträge zur Raumforschung,*
ISBN 978-3-211-80696-8, is available at http://extras.springer.com